天下文化

BELIEVE IN READING

Er redete mit dem Vieh,
den Vögeln und den Fischen

KING SOLOMON'S RING

所羅門王的指環
與蟲魚鳥獸親密對話

by Konrad Lorenz

游復熙、季光容 —— 譯
洪翠娥 —— 德文審訂

獻給

普里斯特利夫婦

若不是你們及時伸出援手，

艾頓堡一帶很有可能就再也看不到

穴鳥自在飛翔

德文版序

這都是基於動物之愛

勞倫茲

我在憤怒之中的所作所為，
瞬間的繁華燦爛，
經過一夜的風吹雨狂，已被摧折。
我以滿腔熱情澆灌的花朵，
不斷抽枝發芽，
遲遲才盛開——卻永遠受天之佑！

——羅斯傑（Peter Rosegger）

為了能夠確切描寫動物的故事，一個人必須對所有的生命，都懷有一份發自內心的真感情。這點你們完全可以放心，我就是這樣的人。可是羅斯傑這首美妙的詩句，對我而言並不全然適用；我生平所寫的第一本書固然是源自我對動物之愛，更是源於我對坊間流行的動物行為學著作的憤怒。我必須承認，如果我這一生當中曾經因為憤怒而做出什麼事，純是由於看不慣這些動物書籍的胡扯。

我為什麼生氣？因為有這麼多糟透了的、虛假不實的動物學著作，這樣的書到處都買得到；因為有這麼多欺世盜名的作家，裝出一副非常內行的樣子，其實對動物根本就一無所知。是誰讓蜜蜂扯開喉嚨大聲尖叫？誰又讓梭魚（pike）在戰鬥中扼住對方的脖子？這不過證實了這些書的作者，連筆下動物的外表也不能夠認識得很清楚，只是任憑自己的觀點和喜好來描寫罷了。如果他們能從那些經驗豐富的豢養動物的人，多學到一些知識，然後再來寫書，應當就能達到像老黑克（Heck）、柏格（Bengt Berg）、愛坡（Paul Eipper）、湯普森（Ernst Seton Thompson）或是納倫（Wäche Kworonesin Narren）等人的成就，這些人都花了一輩子去研究動物。

那些不負責任的動物書，究竟會對讀者——尤其是那些最容易投入的青少年讀者，灌輸多少錯誤的觀念，也是我們無法估算的。

我們沒有理由反對藝術家有創作的自由。為了表現手法的需要，詩人可以把動物和其他事物擬人化或塑下特殊的造形，例如吉卜林（Rudyard Kipling, 1865–1936，一九〇七年諾貝爾文學獎得主）筆下的狼和豹，他那隻無與倫比的「銳極踢急踏威」（Rikkitikkitavi），講起話來宛如人類；還有邦塞斯（Waldemar Bonsels）筆下的小蜜蜂「瑪雅」（Maja），甚至就像她自己一樣拘泥多禮。

只有那些真正熟悉動物的人，才有資格使用擬人化或塑形的手法。至於，造形藝術家在塑造動物形象時，固然不必一定要做到科學上的精確，可是他如果只是慣用僵化的形式，來掩飾自己在準確度方面的無能，他的作品只會加倍糟糕。

我是自然科學家，不是藝術家，因此我完全沒有「自由創作」或者對動物任意加以塑形的特權，更何況我完全不認為有這方面的需要。因為真相本身就已經很迷人了，你只要舉出事實（正如進行任何嚴謹的科學研究工作一樣），就已經足夠向讀者說明動物的美了。

因為大自然的真相就已經充滿了令人著迷而又使人敬畏的美，你愈是深入探究每一個細節和每一項特點，就愈能發現它的美。如果你以為實事求是的做研究，或是確實認識和理解了大自然，會破壞你在欣賞大自然的奇蹟時所得到的樂趣，那你就大錯特錯了。我的經驗是：你對大自然知道得愈多，就會更深刻、更持久的為它迷人的真相所感動。那些成果豐碩的優秀生物學家，都是發自內心的欣賞造物之美，因而以此為終生志業；並由於研究工作而增長的知識，反過來更加深了他（或她）在欣賞大自然和工作時的樂趣。

在生物學的眾多分支當中，我選擇動物行為學做為我終生研究的領域，也正是基於我對這種樂趣的深刻體會。為了研究動物行為，你必須和活生生的動物建立親密關係；你還得具有超人的耐性——若只是為了理論研究的興趣，實不足以維持你的耐性。如果你對動物沒有愛心，不能把動物視為人類的近親，就別想與動物建立互信的關係，也別想在研究方面有什麼重大收穫。

我希望我沒有糟蹋了這本書。即使我承認，我是基於憤怒才寫出這樣一本書的，可是這種憤怒，其實正是出於我對動物之愛啊！

——一九四九年夏，於奥地利艾頓堡

（洪翠娥　譯）

中文版序

一本介紹動物行為的書

季光容

記得以前有個孩子，不知給誰派到田裡去摘瓜。他本來是想抱個最大的瓜回來的，可是不知怎樣，每次他剛相準了一個大瓜要採，總是發現前面還有個更大的在等著，就這樣一再的延宕，到最後整塊田都走完了，還沒採到一個瓜！

像這樣的經驗大概大家都有過吧？不一定是摘瓜，拾麥穗、拾貝殼、做研究、買東西全一樣，絕大多數的人都是只顧貪著遠方還沒到手的好處，而把面前的許多機會白白放過了。

偶爾有個人不這樣：闖進生命的果園裡能夠當機立斷，選中了合適的瓜就執著到底，再不後悔，他的成就往往也非同小可。我們到今天所分享的許多科學、文學的果實，幾乎大半都是由這樣的人帶出來的。一九七三年諾貝爾生理醫學獎的得主勞倫茲博士就是這樣的一個人。雖然他算是二十世紀最了不起的博物學家，替動物行為學（包括人的生物行為在內）打開了新紀元，他的偉大生涯，卻是從一張粗製濫造的魚網和一具老舊的顯微鏡開始的。

勞倫茲從小就有就近取材、不放過眼前事物的長處。他和父母同住在下奧地利中部的一座河濱小島上，多瑙河正從它周邊流過。由於大河每年一度的氾濫，不但人煙稀少，附近的土地也免被耕作，許多野生動物得以在上面滋長繁殖，等於受到保護一樣。

普通人住在這樣的一塊土地上也許並不覺得有什麼特別，勞倫茲卻能別具慧眼，他認為古老的歐洲大陸腹心裡，居然空出了一塊原始自然的野地，實在是太奇妙、太難得了。無論如何，不能白住。他盡量跟附近的野生動物打成一片：開始時只是好奇，養幾隻不關在籠裡的小鳥，設幾個能自給自足的魚槽；桀驁難馴的地鼠，配一群勇猛溫順的好狗。由於他受過嚴格的科學訓練，不妄想、不附會，能夠在一堆亂糟糟的獨立事件裡，尋出它們的通性和共同點，他的觀點總是比一般人更深入一點。漸漸的他發現再小、再不起眼的社會動物，也有彼此用以通情達意的信號，只要知道牠們所用的「字眼」，學會了牠們的「語言」，就跟戴上了所羅門王的魔術戒指一樣，雖然不同種，也能和牠們建立互相了解、極其親密的關係。

勞倫茲因為掌握了這個祕密，所以能將四周別的生物發生的一些真實而美麗的故事，通譯出來，寫成了一本非常特別的書，這本書就叫《所羅門王的指環》。

有很多人把勞倫茲比作是現代的法布爾（Jean Henri Fabre, 1823–1915，法國昆蟲學家）：兩人都喜歡在天然環境裡觀察動物的行為，兩人都有敏銳的觀察力和客觀的態度，兩人的文筆都極生動、準確，又對生物學界有難以衡量的貢獻。其實呢，至少從《所羅門王的指環》這本書看來，勞倫茲比法布爾似乎更多了一份詩人的情懷，他對別種形式的生命總是充滿了敬意和同情心。雖然他口口聲聲說自己是個「冷靜實際」的科學家，絕不感情用事，我們卻一再的看見他為他的野生朋友做出一般人所不能做到的犧牲，像忍受穴烏（jackdaw）的餵食，欣賞大鸚鵡「可可」的惡作劇，為失了群大唱哀歌的「紅金」尋找養子養女等；他這種又冷靜、又深情、又寫實、又活潑的筆觸和作風，是我在別的書上所沒有見過的。

有關動物的書現在流行的不算少，有的真，有的假，有的枯燥，有的充滿趣味，有的歪曲事實，有的把人的感情、人的想法硬生生的栽插在動物身上。《所羅門王的指環》這本書除了提供我們許多新的事實、新的見解，還對一些我們習見的老現象、舊動作，做了新的詮釋。我以為它的最大特色不但在它的「真」、它的「趣味」上，還在它的「透視力」。

勞倫茲寫這本書的原意是要給外行人看的，他自以為從園裡搬出的是個並不起眼的小瓜，誰知道這瓜卻會見風就長，到現在為止，已經公認是近年最好的一本有關動物知識的書了。瓜味之美，香氣之濃，不一遍、兩遍、三遍去細細咀嚼，簡直是難以盡興呢！

所羅門王的指環　目錄

德文版序　這都是基於動物之愛　◎勞倫茲　4
中文版序　一本介紹動物行為的書　◎季光容　8
楔　子　與獸鳥蟲魚對話　15
第一章　動物的麻煩　25
第二章　不礙事的——魚缸　37
第三章　魚缸裡的暴行　47
第四章　可憐的魚　55
第五章　動物笑譚　77

第六章　對動物的惻隱之心　91
第七章　如何選購動物　103
第八章　動物的語言　127
第九章　馴悍記　147
第十章　盟約　173
第十一章　老家人　191
第十二章　小雁鵝　253
第十三章　道德和武器　275
附　錄　名詞注釋　299

KING
SOLOMON'S
RING

楔子
與獸鳥蟲魚對話

從來沒有一個王，像所羅門那樣，
從開天闢地以來也難湊到一雙，
因為所羅門王能和蝴蝶說話，
就像人與人聊天一樣。

——吉卜林

《聖經》上記載：大衛王的兒子，賢明的所羅門王曾「言及獸、鳥、蟲、魚」——〈列王紀〉四章三十三節。這大概是最早的一篇有關生物的講演。因為一般人都把「言及」的意思說偏了，所以後來生出種種有趣的傳奇，說是所羅門王能說各種禽獸的言語，能人之所不能。雖然這類故事的由來是因為誤解了文義，把「言及」的「及」字做對「鳥、獸、蟲、魚說話」解，而不做「提及」解，我卻很願意把這個傳說當真；即使所羅門王並沒有那只傳說中的魔術戒指，我還是願意相信他真有和鳥、獸、蟲、魚對話的能耐。

我這樣說是有原因的，因為我自己就能這樣做，而且我並沒有使用任何魔術，我以為要借助魔術的力量去對付動物，實在是件很不體面的事。就算沒有鬼助神與，我們四周的生物也可以告訴我們一些美妙而真實的故事。

難道你不同意嗎？雖說詩人也可算得上是一種魔術家了，但是他們的吟誦，比起平鋪直敘出來的自然真相，還是遜色呢！

我絕不是在說笑話，如果任何一種群居的動物，彼此之間所用的「信號」都可以稱作是「語言」的話，那麼隨便什麼人，只要知道了牠們所用的「字眼」，自然也就明白牠們在「說」什麼了；對這我以後另有專論。

當然，那些低等的、非群居的生物的確沒有任何一種東西可以稱作「語言」的，原因很簡單：牠們根本沒有「話」可「說」，因此，我們也沒法跟牠們說話。要使那些低等的、「蠕動的」生物引以為趣，確實是件難事；但是，如果我們知道了某些高等的社會動物或鳥所使用的「字眼」，要和牠們達到一種互相了解、極端親密的關係，卻是非常可能的。這對於一位研究動物行為的科學家而言，可說是司空見慣，並沒有什麼奇怪。不過，我仍然清晰的記得那件非常有趣的小事，就是因為這件突然發生的小事，我才一下子意識到一個人跟一隻野生動物之間的「社會」關係原來並不「平常」，而是可驚可歎、舉世無雙的！

在我開始說這件事以前，我要先把這書裡記載的許多事件所發生的背景描述一番：美麗的艾頓堡真可說是「博物學家的樂園」，多瑙河正從它的周邊穿過，因為大河每年一度的氾濫，不但人煙稀少，附近的土地也因此免被耕作。綿密的柳樹林子、無涯無際的叢林、蘆葦叢生的沼澤和一灘灘懶洋洋的死水，把這座下奧地利中部的小島，變成了一塊完完全全的野地，一塊原始自然的綠洲。各種紅鹿、麅鹿（roe deer）、蒼鷺（heron）、水老鴉（cormorant）都在上面孳生不息，即使上一次險惡的大戰，也沒有損害到牠們。這裡就像華茲華斯（William Wordsworth, 1770–1850，英國浪漫詩人）所鍾愛的湖地：

鴨子在沙沙作響的茅草中遊嬉，
好吃的梭魚卻從水邊躍起。
因為岸上響起了一陣腳步的聲音，
一隻蒼鷺忽地驚起，
伸在前面的——是牠長長的脖子。

這一大片地方的原始野性，是在古老的歐洲中央很難找到的。就一位博物學家來說，它的地理位置和它的景物特色實在是一種強烈的對比，再加上過去從美洲大陸移來的一些動植物

在上面滋長，特色就更突出了。陸上長著的絕大多數都是美洲來的一枝黃花（golden rod），水底下則由伊樂藻（*Elodea canadensis*）稱霸主。像美洲的太陽魚（sun perch）和鯰魚（catfish），水塘裡到處都是。有時還可看到幾隻特別笨重的雄鹿，腦筋靈活一點的人大概會聯想到這是從前法蘭西斯．約瑟夫一世（Francis Joseph I, 1830–1916，奧匈帝國皇帝）在他打獵的盛期帶到奧國來的一些麋鹿。麝田鼠（muskrat）也多得很，牠們是從波西米亞來的，每當牠們互相示警、以尾拍水的時候，就會發出一串清響，與金鶯鳥（oriole）的甜美叫聲相和。

除此之外，你還得把多瑙河的倩影也加進去，想想她那又寬、又淺、又彎的河床，她一再改換方向、窄而深的航道。歐洲簡直沒有哪條河像她一樣，載著那麼一片汪洋、一灣激水，一再的隨著季節改變顏色——可以從春天、夏天混濁的灰黃色，一晃兒變成了秋天、冬天清澄的藍綠色；只有在天氣冷的時候，多瑙河才會像那支名曲〈藍色多瑙河〉所說的那樣藍起來呢！

現在再想想這塊奇異混雜的河邊地，竟像萊因河岸一樣，在邊上峙立著幾座覆滿了長春藤的小山，而這幾座小山頂上又有幾棟中世紀的古堡，認真的監視著這一大片荒野的森林和流水——這就是這本書裡種種故事發生的背景。就像每個人都會把自己的家看作是世上最美的地方一樣，艾頓堡的景色也深獲我心。

是初夏的一個炎熱的日子，我和我的朋友兼助手賽茲（Alfred Seitz）博士想替我們的雁鵝（greylag goose）拍一些影帶，於是一隊和當地的景色一般多采多姿的奇異行列就出發了：走在最前面的是一隻大紅狗，看起來很像是阿拉斯加哈士奇（Alaskan husky），其實是阿爾薩斯狼犬（Alsatian dog，德國牧羊犬）和中國鬆獅犬（Chow）的混種；其次是兩個人穿著泳褲，抬著一艘獨木舟；然後是十隻半大的小雁鵝，用牠們特有的步態，昂首闊步的走著；再後面是一長列十三隻小野鴨子，嘰嘰喳喳的用小碎步子跟在大傢伙的後邊，亦步亦趨，深怕走丟了；最後是一隻奇形怪狀的雜色醜小鴨，外表看起來是四不像，其實是一隻健壯的赤麻鴨（ruddy sheldrake）和埃及鵝的混種。如果不是因為有兩個人都穿著游泳褲，而且一個人的肩上還掛著一架攝影機的話，你可能會以為這列隊伍來自伊甸園呢！

我們走得非常慢，因為步伐要叫最弱的小野鴨也能跟得上，好久好久，我們才到目的地。這是一灣特別上鏡頭的水塘，邊上開滿了雪球花（snowball），我們一到，就開始動工，片頭上說：

科學指導：勞倫茲博士
攝影：賽茲博士

因此，我立刻就進行科學指導——包括躺在水邊的軟草上曬太陽。

青色的水蛙以牠們夏季特有的懶惰味兒咯咯的叫著，大蜻蜓很快的穿梭而過。離我躺著的地方不到三碼的一株灌木裡，有一隻白頰鳥（blackcap）開心而起勁的唱著歌；我還聽見賽茲在更遠的地方一邊轉著攝影機，一邊對緊追不捨的小鴨子嘟喃著，因為他暫時只要雁鵝上鏡頭。在我的腦海深處，似乎有意思要起來幫他把小鴨子和那隻四不

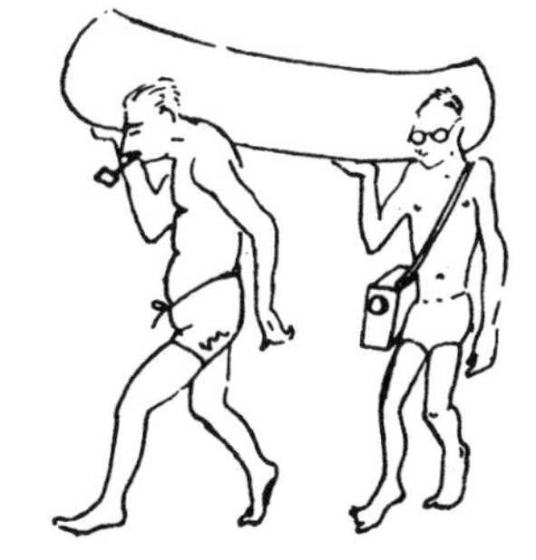

像騙開，可是不管我的心裡多麼願意，我的肉體卻沉醉在懶意裡，就像中了邪似的，我漸漸進入了黑甜夢鄉。這樣不知過了多久，突然，朦朦朧朧的，我聽到賽茲用一種惱火的調子說：「軟干干干，軟干干干，哎呀，糟了，我是說呱格，格格格，呱格，格格格！」我笑著醒了。——他本來想把那些小鴨子引開的，卻一下子弄錯了，對牠們說起雁鵝的「話」來！

就在這時候，我第一次起了寫一本書的念頭，因為那兒再也沒有別人欣賞這個笑話，賽茲自己也在忙著工作。我很想把這件經過告訴什麼人，卻忽然想到：為什麼不告訴每一個人呢？

真的，為什麼不？為什麼一個把徹底研究動物習性當做己任的比較生物學家，不該談談動物的私生活呢？難道把自己在幹些什麼，用一種外行人也能了解的話說給大家聽聽，不也是科學家的責任嗎？

其實有關動物的書實在已經很多，有的好、有的壞、有的真、有的假，所以再添一本真實故事也不至於有什麼壞處。

不過讀者千萬不要弄錯，我並不堅持一本好書一定要無條件的真實。無疑的，我自己童年的心理發展就從兩本有關動物的故事書得到最多益處，這兩本書無論怎樣也算不了真實故事——拉格羅夫（Selma Lagerlöf, 1858–1940，瑞典女作家，一九〇九年諾貝爾文學獎得主）的《何格生》（*Nils Holgersson*）也好，吉卜林的《叢林奇譚》（*Jungle Books*）也好，裡面都找不到一件有關動物的科學事實。不過，像這兩本書的作者一樣的詩人，是有資格可以把動物渲染得比牠們真的樣子更多采多姿的；儘管他們讓動物像人一樣說話，儘管他們把人的動機和想法安插在動物身上，他們卻同時成功的保留了野生動物的一般形態。教人吃驚的是雖然他們說的是神仙故事，我們卻因此而對野生動物的情態有一種真實的意象，在讀這兩本書時，你會覺得如果一隻世故的野鵝或是一頭聰明的黑豹真能說話的話，牠們的口氣一定和拉格羅夫筆下的「阿卡」（Akka）或吉卜林的「巴格希拉」（Bagheera）一樣。

一個有才氣的作家，在描寫動物行為的時候，不見得應該比一個畫家或一個雕刻家在為牠們作像的時候，更要拘泥於真相，不過這三種藝術家都該知道得很清楚：他們所表現的哪些細節不是真相，這是他們的神聖責任。大概再也沒有比用詩的特權來掩護自己對事實的無知，更違反藝術、更使人輕蔑的了。

我是一個科學家，並不是詩人，因此，我一點也不想在這本小書裡使用藝術家「自由心證」的手法，使真相看來更美好一些；其實這樣做只會弄巧成拙。因此，這本書所能存留的一點吸引力，就全在它「嚴格記實」的特點上。我希望因為守住本行的關係，我能使好心的讀者體會到一點有關其他生物的真相，認識牠們的生活是如何的美麗。

第一章

動物的麻煩

把一桶桶的醃魚打翻了胡鬧，
又在男人的禮帽做巢。
甚至連女人七嘴八舌的說笑，
也不得不為牠們時高時低的尖聲
怪叫，勢滅聲銷。

——布朗寧（Robert Browning, 1812–1889，英國詩人）

為什麼我要把動物生活裡不太光采的一面先搬出來說呢？因為一個人如果對牠們討厭的地方都能忍受，那他對牠們的喜愛也就不容置疑了。

我簡直不知道應該怎樣感謝我那有耐心的父母親，當我還是個孩子、在小學念書的時候，常常會帶一些新鮮的玩物回家，有時牠們的破壞性極大，不過我的父母總是搖搖頭，嘆嘆氣就算了。還有我的太太，這些年來真是虧了她，你想誰的太太會讓一隻家鼠滿屋子亂跑，把好好的床單一點一點的咬下來做窩？鸚鵡常常會將我們晾在院子裡的衣服上面所有的扣子都啄掉；我們的臥房也常有雁鵝來過夜，到了早上牠們又從窗戶飛出去（雁鵝是種野禽，不容易訓練牠們守規矩）——像這樣的事，誰的太太受得了？還有：我們養的一些善歌的鳥，每次吃飽了漿果，就會把屋裡所有的家具窗

簾都染上小小的藍點子，怎樣也洗不掉。碰到這樣的事，你想一般人的太太會怎樣說？其實這類的例子多得很，我要一一列出，可以記滿二十頁。

也許有人會懷疑我對動物太縱容了，認為我說的這些麻煩事並不是絕對不可避免的。那就差了，雖然你可以把動物關在籠子裡，放在客廳裡當擺設，但是，你如果想真正了解一個智力高、精力足的生物，唯一的方法就是讓牠自由活動。那些被人一天到晚關在籠子裡的猴子和鸚鵡（parrot），是多麼的悲哀和遲鈍啊；可是同樣的動物，在完全自由的環境裡，卻是難以置信的機警和生動。

把高等動物養在不受拘束的自由環境裡，向來是我的專長，我之所以這麼做，其實也是基於科學方法的理由，我的大部分研究工作就是針對自由自在、不關在籠子裡的家養動物。

在艾頓堡，籠子上鐵絲網的用處和別處不一樣，它的目的是使動物不進屋子和前面的花圃裡去。我們將花圃的四周都圍上了鐵絲網，「嚴禁」牠們走進。不過那些智力高的動物和小孩子一樣，愈是不要牠們做的事，牠們愈是要做，而且那些熱情的雁鵝又特別喜歡和人在一起，因此，常常在我們不注意的時候，二十隻或三十隻的雁鵝就已經摸進了花圃裡。有時更糟，牠們會一邊大聲的叫著打招呼，一邊飛進我們屋裡的迴廊，到了那時，要趕走牠們就難了。因為牠們不但會飛，而且一點也不怕人；無論你吼得多大聲，把手揮動得多使勁，牠們都視若無睹。我們唯一有效的趕鳥法就是一把巨大的紅色陽傘：每逢牠們偷跑進我們新種的花圃裡挑蟲吃的時候，我的太太就會帶著這把陽傘，衝到牠們面前，像個揮戟陷陣的武士一樣，出其不意的把傘撐開，同時發出一聲大喊，再猛的將傘一收。大概就連雁鵝，也覺得她這一招過於厲害，於是隨著一陣翅膀鼓動的聲音，這些大鳥就一隻隻的逃之夭夭了。

不幸的是，我的太太在管教雁鵝上面花的心

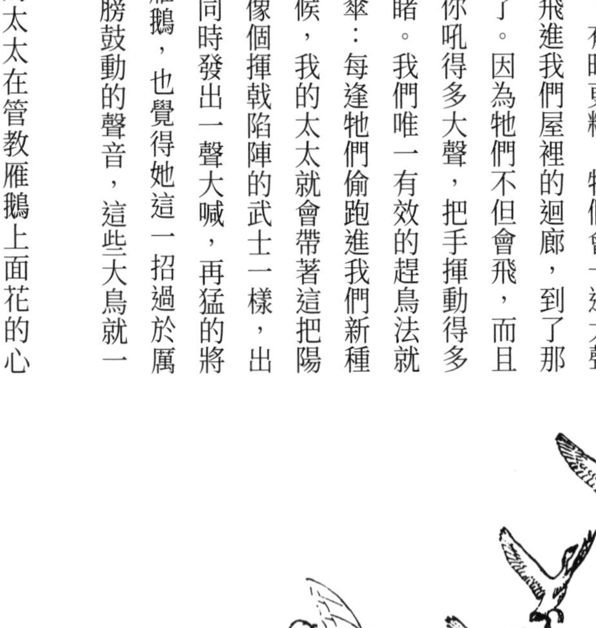

血，大半都被我的父親毀掉。這位老先生特別喜歡雁鵝，尤其傾心公鵝勇敢的騎士風度，幾乎每天都要把牠們請到書房旁邊、四周都有玻璃圍起來的走廊上吃茶，無論怎麼對他解說都沒用。而且那時他的視力已經很糟了，一定要等他的腳下踩滿了鵝糞，他才會悟到這些客人做的好事。

一天傍晚，我到花園裡，忽然發現幾乎所有的雁鵝都失蹤了，這一驚真是非同小可，於是，我立刻趕到父親的書房裡，你們猜我看見什麼？

在我們那塊漂亮的波斯地氈上站著的，可不就是那二十四隻鵝？牠們緊緊的圍著我的父親，而這位老人家呢？一邊喝著茶，一邊看著報紙，一邊一片又一片的將麵包餵鵝！這種鵝通常在陌生的環境裡都會感覺緊張，糟糕的是牠們一緊張，消化作用就不正常。就像其他的草食動物一樣，鵝的大腸裡有一段盲腸，專門用來分解粗纖維的食物以便食物吸收，正常的情形下，大約六、七次的大便裡，會有一次是從盲腸排出來的。這種糞便不但有一股刺鼻的臭味，而且顏色也和平時不一樣，是一種醒目的暗綠色。如果一隻鵝心裡一緊張，牠的盲腸就會一反常態，大忙特忙。

從那天下午的茶會到現在已經過去十一年了，那張地氈上的斑斑點點也從暗綠色漸漸變為淡黃色。

所以，你們看得出來，我們養的動物不但享有完全的自由，同時對我們的屋子

也相當熟悉。牠們看見了我，從來不逃開，反而會向我走近。在別人家裡你也許會聽到：「快！快！鳥從籠子裡逃出來了，快把窗子關上！」之類的喊叫，我們家裡叫的卻是：「快！快關窗子，那隻鸚鵡（渡鴉、猴子等）要進來了！」

最荒唐的是，我的太太在我們最大的孩子還小的時候發明了一種「顛倒用籠法」。那時我們養了好些大而危險的動物：幾隻渡鴉（raven）、兩隻大的黃冠鸚鵡（yellow crested cockatoo）、兩隻獴狐猴（mongoose lemur），還有兩隻戴帽猴（capuchin monkey）。如果讓小孩子單獨和牠們在一起，真是太不安全了，所以我太太臨時在花園裡做了個大籠子，然後把——我們的孩子關了進去！

就高等動物而言，牠們喜歡惡作劇的程度和調皮搗蛋的能力和智力成正比；因此之故，有些動物，尤其是猴子，不可以老是放任不管。這裡面狐猴是例外，因為牠缺少一般真猴子對家庭用品尋根究柢的好奇心。一般的真猴子，甚至那些在家譜上低了一輩的新世界猴（*Platyrrhinae*）對任何一樣新東西，不但有一種沒法滿足的好奇心，而且還會拿它們來做實驗。也許研究動物心理學的人會覺得很有趣，可是長此以往，對於家庭用度的開銷，就會讓人吃不消。我且舉個例子：

那時我還是個年輕的學生，我的父母親在維也納有棟房子，我在裡面養了隻雌性戴帽猴，她的名字叫「葛羅麗亞」（Gloria）。在我的書房兼臥室裡，她占了一個又大又寬的籠子，每次我在家可以看著她的時候，我就放她出來在屋裡自由活動，我出去的時候，就把她關在籠子裡。她可頂不喜歡在籠子裡無所事事了，總是盡量想法子逃出來。

一天晚上，我出去很久才回家，當我打開電燈的開關，卻發現屋子裡仍是漆黑一片，不過當我聽到葛羅麗亞不在籠子裡，卻從窗簾橫桿上發出吃吃的笑聲時，我就猜出停電的原因了。於是我點了根蠟燭回來，發現房裡簡直一塌糊塗：她把一座沉重的銅製檯燈從原位拖到房間另一頭，連插頭都沒取下，就硬丟到水族箱上面。水族箱上的玻璃蓋子自然破了個大洞，檯燈一直沉到水底，電流因此就短路了！不知道是在這件罪行之前還是之後，她還把我的書櫃打開了（鑰匙孔那麼小，她竟然能把鎖弄開，本事實在不小），拿走了史莊佩爾（Strumpel）的藥典第二冊和第四冊，帶到水族箱前面，把書一頁頁撕下來，塞進水族箱裡，兩本書的硬殼子都丟在地上，可是一頁紙都沒有了。水族箱裡的海葵（sea-anemone）委屈的歪在一邊，觸鬚上淨是紙屑……

整個事件最有趣的部分就是她對事物關聯性的注意。葛羅麗亞一定用了相當久的時間完成她的實驗。只看她花的力氣，就這樣一隻小動物而言，就很值得我們激賞了，可惜就是代價太昂貴了一點。

用這種聽其自便的法子養動物到底有什麼好處，可以叫我們對以後層出不窮的麻煩事和無底洞似的花費不予細究呢？撇開前面已經提過的，為了方法學上的理由，有些專門研究動物心理學的人會需要一隻正常的、不是囚犯的動物，做為觀察對象；除了這個原因之外，一想到牠們可以逃走，卻不逃走，尤其想到牠們是因為不捨離開我才情願留下來的時候，我就覺得無法形容的快樂。

有一次，我在多瑙河岸邊散步，聽到一隻渡鴉嘹亮的叫聲，這隻大鳥本來高高的在天空裡，一聽到我回叫的聲音，立刻毫不遲疑的從雲霄裡斂翼直下。就在牠快衝到我身上的那一剎那，牠的翅膀張開了，速度也跟著煞住，只見牠輕如鴻毛的飄落在我的肩上。這時，牠從前做的一些壞事，譬如撕毀的書、打翻的鴨巢，似乎都得到補償了。最奇妙的是，雖然我們把這隻大鳥養得和別人家的貓狗一樣馴良，像這樣的經驗就算一再重複，也不會因為司空見慣就失去魅力。我和野生動物交朋友早已是家常便飯了，所以得在非常特別的場合裡，才會意識到這種交情原來並不尋常。

一個有霧的春天早晨，我又在多瑙河邊散步，那時河水還和冬天的時候一樣淺，許多候鳥，像白頰鳧（goldeneye）、秋沙鴨（merganser）、白秋沙（smew）等，以及左一群右一群的鴨鵝，都緊貼著狹窄的河面飛翔遊嬉；另外還有一群雁鵝，也夾在這些候鳥中間，就像和牠們是一夥似的。我看得出來這群排著整齊的陣式緩緩飛行的鵝，左手邊的第二隻，翅膀末節上的羽毛沒有了。我的腦海裡立刻湧現了牠怎樣丟掉這根飛羽的經過，因為這些都是我的雁鵝啊！

那雁行陣上排在左邊的第二隻鵝，他的名字叫「馬丁」（Martin），他是因跟我一手帶大的雌鵝「瑪蒂娜」（Martina）成了親才得名的。從前馬丁只有個號碼——我只給親手帶大的雁鵝取名，凡是由自己父母養大的都只有一個號碼。

通常雁鵝在訂婚之後，年輕的丈夫就會亦步亦趨的追隨著牠的新娘子。瑪蒂娜因為是我養大的，所以在我們屋裡各房間進進出出毫無顧忌，也不問問她的未婚夫。馬丁可是在外面長大的，現在卻不得不隨著牠的新娘子到牠不知道的地方亂闖。

只要想想一般的雁鵝要鼓起多大的勇氣，才敢到沒有去過的灌木叢和樹下走動，你就知道這位伸長了脖子跟著牠的新娘子登堂入室的馬丁，實在可算是大英雄了。那天牠已走到我們的臥房裡了，因為害怕的關係，牠的羽毛緊貼著身子，緊張得微微發抖，不過牠仍驕傲的站直著，並不時從喉嚨裡發出嘶嘶的聲音向未知的危險挑戰。就在這時，牠身後的門卻突然砰一聲關上了，雖然牠是個英雄，這時也沒法子再保持冷靜，牠立刻振翅直飛，撞著了天花板中央的大吊燈，燈上的玻璃附件破了幾片，牠的一根飛羽也因此折斷。

這就是為什麼我會知道，雁行陣裡左邊第二隻鵝會少了一根飛羽的原因。最叫我感到安慰的就是：我知道等我散完步回家，這些現在還和其他的野生候鳥混在一起的雁鵝，會到迴廊前面的臺階上歡迎我，牠們的頸子會伸得長長的。鵝的這種姿勢就和狗搖尾巴是一樣的意思。

當我的眼睛隨著這群雁鵝飛到另一個水灣的時候，我的心中忽然湧起一股激情，就像是哲學家忽然悟道一般。我深深感到驚訝：

三十年來，你一直在我的跟前，
高地低谷，都能見到你的笑靨，

但是我卻不認得你，直到今天，
現在，不論我走到哪裡，眼向哪邊轉，
處處只見你，一天至少也有五十遍。

人和野生動物間居然能夠建立起真正的友誼，這不啻是種難得的幸福。這種體會真使我非常快樂，使我對人之從伊甸園被逐，也不覺得是件苦事了。

現在，我養的渡鴉都走了，雁鵝也因為戰爭而分散，其他自由飛動的大鳥小鳥也都不在，只剩下穴烏——牠們其實也是我最先在艾頓堡養起的鳥兒。這些老家人仍然在高牆上盤桓，我的書房裡也仍然可以聽到牠們從暖氣爐傳進來的尖銳叫聲，我懂得牠們說的每一句話。每一年牠們都會回來在煙囪旁做巢，並且為了偷吃櫻桃，把鄰居們都惹得動氣。

你相不相信？實驗結果並不是你得到的唯一補償，還有許許多多別的，使得你情願忍受動物的麻煩和為牠們付出的恁多花費。

第二章
不礙事的——魚缸

萬物相形以生，
眾生互惠而成。

——歌德（J. W. von Goethe, 1749–1832，德國詩人），
《浮士德》（*Faust*）

在一個玻璃缸裡鋪一層乾淨的細沙，再丟幾根水草進去，這件事既不花錢又有趣。然後倒幾桶水，把整個玻璃缸移到有陽光的窗臺上，幾天之後，水漸漸清了，水草也開始生長；然後再放進幾條小魚，或者帶個罐子、一張小網到附近的水塘裡，用網子在水底下兜幾兜，你馬上就可以帶一大堆有趣的生物回家了。

孩童時代的魅力，對我而言，就屬一張粗製濫造的魚網，最好不要有銅絲邊和紗布網那些複雜東西。照艾頓堡的傳統，魚網的邊用一根鐵絲彎一彎就成了，一隻破襪子、一塊舊窗簾布，或者一塊尿布都可以做網。我在九歲的時候，就是用這樣的一張網，替我養的魚找到了第一批水蚤（Daphnia），因此而對整個淡水池塘的奇妙天地發生興趣。在魚網之後是放大鏡，再後是一具小型的顯微鏡，這之後我的命運就算定了。正如柏拉騰（August von Platen, 1769–1835，德國詩人）所說的：一個人只要親眼見過真正的美，死亡就不能夠奈何他。的確，一個人只要見過大自然的美，就能體會

柏拉騰話中的意思。如果他的眼睛夠好，觀察力夠敏銳，那他一定可以成為博物學家。

所以你就帶著網子在水塘裡兜魚，就算把鞋子都弄上水和泥也不要擔心。如果你找對了地方，一下子你的網底就會有好多像玻璃一樣透明的、蠕動著的小生物，你把這些東西倒在預先準備好、已經裝滿了水的罐子裡，帶回家去，再把罐子裡的東西小心的轉到水缸裡，於是一個新的世界就顯現在你的眼前和你的放大鏡之下了。

一個魚缸就是一個世界，因為它就像是一片天然的池塘和湖泊，就像是我們住的星球，裡面的動植物是在完全平衡的生態狀況下生活在一起的。動物呼出的二氧化碳是植物所需要的，植物呼出的氧氣又是動物所需要的。不過有一點要弄清楚：植物並不是顛倒動物的呼吸法，呼氧吸碳；植物和動物一樣，吸的是氧氣，呼的是二氧化碳。不過撇開呼吸作用不談，植物需要二氧化碳來製造生長所需的養料，換句話說，植物需要「吃」二氧化碳。在這個過

程之中，它會排出大量的氧氣，除了供它自己呼吸之外，還有多餘的，這些過剩的氧氣，剛好可供人和動物呼吸。還有，動物死後屍體會被細菌分解，分解後的成分植物又可以加以同化利用，因此，構成生命大循環的三大關鍵：

植物——創造者

動物——消費者

細菌——分解者

乃是息息相關、互生互惠的。

在一個魚缸的小小天地裡，動、植物間的生態平衡只要一受到擾亂，就會造成十分悲慘的結局。許多養魚的人，小孩子也好、大人也好，常常會忍不住再加一條魚進去，其實魚缸裡的魚可能已經太多了，這新加的一條魚很可能就是使駱駝不支倒地的最後一根草。一個魚缸裡的動物太多了，氧氣就會不夠，遲早就會有一兩條魚窒息死掉。如果我們沒有注意，水缸裡因為有了腐爛的屍體，細菌就會大增，所以水也渾了。水一渾氧氣就更少，於是更多的動物死掉。這樣愈演愈糟，我們好不容易培養出來的小天地漸漸就要化為烏有，很快的連植物也開始腐爛了……。僅僅幾天以前還是一個乾淨、漂亮、有魚、有草的小池子，現在卻成了一缸臭水！

比較進步的養魚人常常用人工的法子把空氣打進水中，以避免上面所說的危險，

只是這樣做就失去了養魚的真正意義了。我們本來是要這個小小的水中世界自給自足，除了餵一餵養在裡面的生物，清潔一下魚缸頂上的一塊玻璃板（其他的玻璃板上如果生了水藻，最好不要去動它，因為它們有助於氧氣的供應），不應該再為別的事費心的。一旦魚缸裡的動植物達到了生態上的平衡，我們就再也用不著去清理它了。如果我們不養大魚，特別是那種喜歡到水底下翻來攪去的大魚，就是水缸底部堆積了一層魚的排泄物和枯萎了的碎草也不要緊，因為這新加的一層使得原來乾淨、但貧瘠的一層沙頓成沃土，反而有好處；且不管這一層新泥，水的本身會和阿爾卑斯山上的湖一樣，始終清澄，始終沒有氣味。

不管是就生物學上的理由，還是就美觀上講，都是以春天修槽種藻、大興魚事為最合適。而且開始時最好只放少許幾根正在萌芽的水草，因為只有在水缸裡長大的植物才能適應缸裡面特殊的環境，而愈長愈美；凡是在別地方長大成熟的水草，再移植到缸裡，常常連原來的美都不能保持。

我覺得最奇妙、最使人迷惑的一件事就是：如果我們在原來的魚缸之外再新添一個別的水槽，讓兩者之間只隔兩三英寸，它們會發展成迥然不同的兩個天地，就像離開好幾英里的兩片湖一樣，各有千秋。

一個人在開始設槽養魚的時候，絕對沒法想像它會怎樣發展，更不能猜到它達到平衡狀態時的模樣。假定一個人在同時間同地點，在用同樣材料造成的三個水缸裡，都種下水生的伊樂藻（water thyme）和狐尾藻（water milfoil），而且把三個水缸都放在同一個架子上，結果也許第一個缸裡，伊樂藻愈長愈密，漸漸把狐尾藻的位置擠掉了；第二個缸裡，剛好相反，成了狐尾藻的天地；第三個缸裡，兩者也許平均發展，然後不知道從哪裡，又生出一種新的麗藻（*Nitella flexilis*），它們像枝形燈架一樣，伸出許多分支，非常美觀。就這樣，

這三個水缸會發展成三種完全不同的地理環境，各有其特殊的生物性條件，各自適合不同種類的生物滋長繁殖。簡單的說：雖然它們都是在同樣的情況下造將起來的，每一個魚缸卻有它自己的小小世界。

一個人在養魚的時候，一定要有一點自制力，才不致干涉到魚缸的自然發展，有時候，甚至好意的調整也會造成很大的損害。當然，如果我們只是要一個「漂亮」的人工化的水族箱也可以：先把植物安置得好好的，再裝一個過濾器，這樣泥巴就不會堆積在缸底；然後用人工打氣的法子，使水裡面的氧氣永遠不缺，這樣就可以養更多的魚。在這種情形下，水缸裡的植物完全是做裝飾用，動物並不需要它們，因為打氣機已經可以供給牠們足夠的氧氣了。

至於要用哪種法子養魚，完全看各人的口味；我是覺得水族箱應該是個活生生的社會，應該能維持自己的動態平衡。一個人工化的水族箱，就像個牢籠一般，頂多只是個弄乾淨了的容器而已，它是用來「關」某一些生物的工具，本身並不是個目的。

要決定在水缸裡養哪一種生物、種哪一樣水藻，真是一門學問。一個人一定要有很多的經驗和生物學上的常識，才曉得替水缸的底層選怎樣的材料，把水缸放置在哪裡，怎樣把光線和溫度安排得恰到好處，以及選擇彼此適合的動植物。過去有一個人是這方面的大師，我的老友赫爾曼（Bernhard Hellman），可惜他已悲慘的去世了。

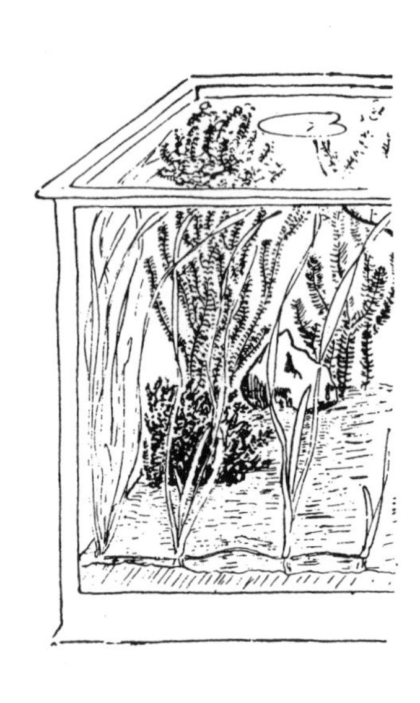

赫爾曼能夠隨心所欲的仿造任何一種池塘、湖泊、小溪或大河，他曾造過一個很大的水族箱，和阿爾卑斯山的湖完全一樣，真是一件傑作：整個水箱又深又涼，並不近光；清澈的水中長著跟玻璃一樣透明的、淡綠色的水草；底層的碎石上面還有一層暗綠色的水苔和好看的輪藻（*Chara*）。除了微生物外，赫爾曼只象徵性的選了幾種小型的鱒魚（trout）和鰷魚（minnow）、一些淡水蝦和一尾小小的蝲蛄（crayfish），因水缸裡的動物這麼少，他根本用不著餵牠們東西吃，僅是裡面天然的微生物，已夠牠們安居樂「游」了。

如果你是想養一些比較嬌生慣養的水中動物，在造水槽的時候，就得想法子把牠的天然環境，包括和牠一起生長的大小生物一一保存。就是水族館裡最常見的熱帶魚，養不養得好，也得看做到這個條件沒有。只是這類魚的天然居地本來就小，水也不怎麼乾淨，而且這些熱帶水塘裡的水，經年累月的受到同樣高溫的日光曝曬，因此牠們生活其中的天然環境，本來就和裝設電氣保溫設施（且又安置在向南的窗邊）的水族箱裡的環境相當類似，所以熱帶魚一般說來較容易飼養。歐洲大陸上的河流池沼就不同了，因為各地氣候不同，發展也各異其趣，要在室內保存它們的特色真是談何容易，所以要養歐洲土生土長的魚，比養熱帶魚麻煩得多。

你現在大概明白，為什麼我勸你用自己做的網到附近的池塘裡去撈魚了。我有過好幾百個各式各樣的魚槽，不過最喜歡的還是這種就地取材、又便宜、又普通的「池塘式」魚缸，因為這是用人力所能得到的一個最自然、最完全的活的社會。

一個人可在魚缸前面坐著看好半天，就像看熊熊的火舌和奔騰的流水般，好像連思想、意識都在這種悠悠然神往的境界裡遺失了。其實就是在這種怡然自得的時候，最能學到有關眾生群相的真理。如我把這些年來從書本裡學到的知識，與從大自然的活書裡「看」來的學問，一起放在天平上秤一秤的話，前者實在太微不足道了。

第三章

魚缸裡的暴行

他笑得多麼開心，
他的爪子伸得多麼近，
只要他那微笑的小嘴可以容得下，
隨便什麼小魚都歡迎。

——卡羅（Lewis Carroll, 1832–1898，英國數學家、小說家），
《愛麗絲夢遊仙境》（*Alice in Wonderland*）

池塘裡有一些非常可怕的強盜。如果你魚缸裡養的東西都是就地取材從池子裡捉來的，也許一場殘酷而激烈的生存競爭，就會在你的眼前演出；如果你新近添進了一些包羅萬象的渾水，這一類的衝突就會來得更快，因為這些新來的客人裡面很可能夾了一兩隻水甲蟲（water beetle）「龍蝨」（Dytiscus）的幼蟲。如果就體形的大小而論，這種生物在殺生肆虐上所表現的狡猾和貪婪，就連虎、獅、狼、殺人鯨和大黃蜂這些聲名狼藉的大強盜也望塵莫及：和龍蝨幼蟲相比，後者都成了綿羊。

這是一種纖細、似流線型的昆蟲，大約有兩英寸多長。牠的六隻腳上長滿了堅直的硬毛，當牠游泳時，這些硬毛就像寬寬的槳葉，可以幫助牠游動得快而準確。在牠寬而扁平的頭上，有一對巨大的、像鉗子一樣的螯，這不但是牠注射毒液的通道，也

是牠消化器官的入口。牠總是躲在某株水草後面，出其不意的衝到牠目標物的下方，然後很快的一掉頭，就將犧牲品鉗在嘴裡了。這類動物的「獵物」包括一切會「動」的、有肉味的生物，我自己就常常在池裡被龍蝨「吃」。對人而言，這類昆蟲有毒的消化液可以引起劇烈的痛楚。

水甲蟲的幼蟲是少數幾種在「體外」行消化作用的動物之一，當牠攫獲目標物之後，腺體分泌物就會由那對中空的鉗子注射到對方體內，將獵物的內臟全部化成液體，再由同一通道吸進胃裡。甚至那些較大的犧牲品，像肥胖的蝌蚪以及蜻蜓的幼蟲，在受到龍蝨偷襲時，頂多也只能掙扎幾下子，身體就變硬了。因為大多數水中生物的腹部都是半透明的，你可以看出牠們在被殺時，內臟部分就像灌了甲醛液一樣變得黯淡起來，牠們總是先脹起來，然後逐漸縮成一堆乾枯的軟皮，最後才從那一對致命的鉗子上掉了下來。

在一個體積有限的魚缸裡，只要有幾隻大的龍蝨埋伏在內，不用幾天，所有四分之一英寸長的生物都會被牠們吃光。

然後呢？如果牠們那時還沒將彼此殺死，這時就會互相吞噬。這和牠們誰大誰強並沒有太大的關係，主要是看誰先抓住誰。我常常看到兩隻差不多大的龍蝨，同時將對方攫在鉗下，然後同時在對方的毒液下喪生。

只有很少幾種動物，在餓得要死時會攻擊同樣大小的同類，企圖將對方吞噬。我只知道老鼠以及少數幾種類似的齧齒動物（rodent）會這樣做，至於狼，雖然有關牠們的可怕傳說很多，不過從我們所做的幾次觀察看來，我不太相信牠們會做這樣的事。但是龍蝨甚至在食物充足的情況下，也會吞噬與自己同樣大小的同類，這種行為我還不知道有第二種動物做得出來。

另一種較不那麼殘暴、動作較優雅、外觀也較美的「猛獸」是大蜻蜓（*Aeschna*）的幼蟲。長成了的大蜻蜓真可說是空中之王、蟲中之鷹，因為牠們總是在飛行的時候攫獲獵物。如果你也將池塘裡捉到的一堆生物倒在洗臉盆裡，準備除去一些專門為非作歹的惡棍，可能除了龍蝨，你還會找到一些別的流線型的昆蟲，牠們前進的方式立刻會引起你的注意。這些細長的小魚雷身上大都布滿了亮麗的黃、綠色斑紋，當牠們向前直進時，腳總是靠緊了身子的兩側，使人對牠們的動因完全莫名其妙。但是如果你將牠們移開，單獨放在一個淺淺的小碟子裡，再仔細觀察牠們運動的方法，就會發現這些幼蟲原來是用噴射推進的，從牠們腹部的尖端會迸出一股細而有力的水柱，可以將牠們很快的彈向前方。在牠們腸的末端有一個中空的囊室，膜上布滿了氣鰓，一方面可以行呼吸作用，另一方面可以使牠前進。

大蜻蜓的幼蟲並不在流水中行獵，牠們喜歡靜靜的埋伏起來。碰到有可以充饑的生物從附近經過，牠們就目不轉睛的盯視著這個目標物，牢牢的看住牠的每一個動作，隨著牠的動向，慢慢的轉動自己的頭部和身體。像這種行為，只在少數幾種非脊椎動物的身上可以見到。

和龍蝨相反，大蜻蜓的幼蟲可以察覺極慢的動作，所以爬行中的蝸牛常常成了牠們的腹中物。牠們偷襲的動作相當慢，總是一步一步的摸到目標物的身邊，在牠還有一兩英寸就可以觸到對方的時候，忽然一個箭步，獵物已經在牠殘酷的顎下掙扎了。若沒有慢鏡頭的攝影機，很難看出這一段的詳細情形，肉眼只能看到一個像舌頭般的東西突然從頭上伸出，很快的將獵物拖回嘴邊。

凡是見過變色龍取食的人，一定記得那條黏黏的舌頭怎樣伸縮，不過大蜻蜓的「回力鏢」卻不是舌頭，而是牠變形過、由兩個活動關節構成、頭上鑲了個鉗子的下唇。

僅僅是盯視獵物這一點，就使得大蜻蜓的幼蟲看起來比別的昆蟲更具「智慧」，如果我們再觀察牠其他的特色，這種印象可能更為加深。龍蝨的幼蟲會盲目的對任何活物施擊，但是大蜻蜓的幼蟲卻相反，就算牠已餓了好幾個星期，也不碰超過某一尺寸的動物。我曾將大蜻蜓的幼蟲放在魚槽裡好幾個月，從來沒見牠們攻擊或傷害過比牠們大的生物。

另外還有一件事也很令人引以為奇，這種幼蟲從來不肯搶奪同伴口中的活物；但是，如果我們用一支玻璃做的飼養管，吸住一隻小蟲、小蝌蚪，牠的動態雖然與同伴嚼在口中的活物一般無二，這些蜻蜓幼蟲卻會毫不遲疑的搶來吃掉。

我飼養在陽臺上的水族箱裡，總有幾隻大蜻蜓的幼蟲在裡面成長。牠們發展得非常之慢，常常需要一年多的時間，然後在某一個美麗的夏天裡，偉大的一刻終於來臨。這些幼蟲會慢慢的從水裡爬出，跑到一株水草的桿上停住，牠們會在那兒停留一段相當長的時間，然後胸部背面的外皮就會裂開，於是一隻完美的昆蟲終於慢慢的從幼蟲的皮裡鑽了出來。這之後，還要經過好幾個鐘頭，牠的翅膀才會長全變硬，這段過程非常奇特有趣：起先牠的翅膀只有纖細的筋絡，然後牠會用很大的壓力擠出一種凝固的液體，敷在這些筋絡之上。

等牠的翅膀長全了，你就可以將窗子打開，把你水族箱的客人請了出來，並祝牠的昆蟲生涯一帆風順。

第四章　可憐的魚

是浪中之草？是泥中之光？
還是黑色的火焰在跳躍？
造化弄物，
無晝無夜，
無止無休，無聲無息，亦無窮。

——布魯克（Rupert Brooke, 1887–1915，英國詩人），
《魚》（*The Fish*）

有件事常常使我大惑不解：不管俗諺多麼沒有道理，多麼歪曲事實，我們卻總喜歡對它一味盲從。狐狸並不比其他的肉食動物更狡猾，而且遠不及狼或狗聰明；鴿子一點也不「愛好和平」；至於有關魚的諺語，更是胡說八道，牠既不「冷血」，「如魚得水」也不像我們想的那麼優游自在。

事實上，自然界恐怕很難找到像魚一樣容易生傳染病的動物了。我養的動物從來沒有因為新來的一隻鳥、爬蟲、或哺乳動物而大生傳染病的；但是魚就不同了，每添一條新魚，一定要先檢疫，不然，百分之九十九，原來的魚在很短的時間裡就會出毛病——魚鰭上生出小小的白斑，表示已然受到淡水白點蟲（*Ichthyophthirius multifiliis*）

的侵染了。

至於說魚「冷血」，我熟知許多動物在最微妙的情勢下的一舉一動，大概除了野生的金絲雀（canary）之外，再沒有別的動物在愛情或戰鬥的激情下，比一條雄的棘魚（stickleback）、一條泰國鬥魚（Siamese fighting-fish），或是一條慈鯛（cichlid）更瘋狂的了。沒有別的動物會這樣完全的為「情」顛倒，會像雄棘魚或泰國鬥魚一樣真的發出愛情的「光」；有誰能夠像畫家用的彩筆一般，用言語描述得出一條雄棘魚的姿色？牠的側邊閃著像玻璃一樣透明的紅光，牠的背面卻是暈暈然的藍綠色，大概只有燦爛的霓虹燈堪與媲美；還有牠那綠寶石一般的眼睛——這種種顏色如果照一般的美術原則來講，應該極為刺眼，可是大自然卻有辦法把它們譜成一首極美的交響樂！

就鬥魚而言，這種奇顏異色的裝束不是時時都穿在身上的。這種棕灰色的小魚老是滯留在水箱角落裡，平時總把魚鰭收起，只有在另一條鬥魚漸漸游近，彼此都看到的時候，才

會逐漸燃起牠們身上灼熱的光。就像電爐的鐵絲因熱變紅一般，牠們身上的彩光會很快的蔓延開來，魚鰭也像扇子一樣突然打開了，快得你幾乎可以聽到牠羽開扇張的聲音。

然後牠們就熱烈的跳起舞來——不是遊戲，而是一場非常嚴肅的、生死交關的舞。最奇怪的是，開始的時候，簡直叫人看不出來牠們是要做愛，還是要打一場血仗。鬥魚並非在一眼瞥見對方時，即辨識出來者是同性還是異性，而是透過對方在這場有一定儀式的舞蹈中，由遺傳而來的本能反應得知其性別。

當兩條從來沒有打過照面的鬥魚碰在一起的時候，最先一定是一場「列甲展兵」，各自不客氣的先自我吹噓一番，用盡心機把身上最鮮亮的色斑和魚鰭上最奪目的虹紋施展出來。因為雌的通常穿得沒有雄的光采，一比之下常常自動甘拜下風，乖乖的把魚鰭收起。如果她不想以身相許的話，馬上就會逃走；但是，如果這位英雄的英俊竟然打動了她的芳心，她就會一邊羞答答的、一邊半推半就的向牠游近，換句話說，她的態度會和劍拔弩張的雄魚完全不同。於是一場愛的禮讚隨即登場，雖然不及雄魚的戰舞來得壯觀，但就動作的美妙上講，一點也不遜色。

如果兩條雄魚面對面的碰著了，那一場自吹自擂才是真的轟轟烈烈呢！牠們的戰舞和爪哇人（東印度群島上的土人）出戰前的儀式舞簡直像極了；不管是人是魚，每一個動作的每一點細節，都是從古老的律法裡一成不變的傳下來的，每一個細微的姿勢都有它根深柢固、象徵性的含義。就人和魚在情不自禁的時候所做的動作，以及表情的風格上看，兩者實在沒有什麼差別。

從他們舞時動作的美妙細緻，可以看出這種舞蹈一定經過長時期的歷史演進，而由舞姿的精巧繁複，更可推知一定是其來有自，源出於古代某一種禮儀。不過有一點卻不是一眼就能看出來的：人的這種舞蹈儀式是某個民族歷史傳承的結果，魚的舞蹈則是一套與生俱來的本能動作，比人的儀式起碼還要老上幾百倍。如果我們從系譜學入手，去查這種舞蹈儀式的起源，並比較一下所有都要在戰前行禮如儀的物種，就會一目瞭然。

到目前為止，我們對這類動作的演化歷史，似乎比其他的本能動作的演變，知道得要多一些。

言歸正傳，現在讓我們再回到泰國鬥魚的戰舞上來。這就和荷馬筆下的英雄在「陣前罵戰」，以及阿爾卑斯山上的農夫在小店裡吵嘴一樣的作用：一方面固然是在向對手示威，一方面也是在鼓舞自己的鬥志。

由於牠們在備戰上耗時如是之久，一舉一動又完全合儀中節，再加上舒鰭鼓翅、比顏競色，目的不過在使對方不攻自退，常常使不知者誤以為牠們是在鬧著玩；又因為牠們如此美麗，這些鬥士看起來遠不及牠們實際上那麼兇狠惡毒。就像沒有人願意把獵頭的風俗和東印度群島上漂亮的戰士聯想到一起一樣，大多數的人都不願把這些鬥魚想作是兇巴巴、惡狠狠、不怕死的好漢。其實兩者都會鏖戰至死，鬥魚常常會戰到有一方死了才會曳甲收兵。一旦牠們比武比到雙方都交換了一次衝刺的時候，這場戰事便不會善罷了：幾分鐘後，裂縫傷口就會在魚鰭上冒出；再過片刻，死生立判。鬥魚的攻擊法，和一般的魚一樣，不用口咬，而是用戳刺的法子：把嘴張得大大的，所有的利齒都伸向前方，然後使出全身的氣力衝到對手身旁，戳刺牠的腹部。鬥魚的一刺是這樣的有力，有時不巧碰到了玻璃板，你就會聽到一聲大響。

雖然牠們自我展覽式的戰舞可以一拖好幾個小時，但是如果發展為實際行動，常常在幾分鐘內，就會有一個鬥士被刺得躺在缸底，動彈不得。

歐洲的棘魚打起架來和泰國鬥魚頗不一樣。棘魚在交配的季節裡，不但在看到敵人或其他雌性時，身上會發光，就算在自己選中的領域裡漫游時，也會生出燦爛的顏色。牠們作戰的原則簡單的說，就是「我的家就是我的城堡」，你如果將棘魚的巢搬走，或者將牠移到另一個水箱裡，牠不但不想打架，反而會把自己變得又小又醜。

泰國人好幾百年以來常常養鬥魚以觀其鬥，但是如果我們想叫棘魚為鬥而鬥的打

出一場精采的好架來，簡直是不可能的事。而且棘魚只有在把家建立好了之後，才會對「性」生出興趣，因此，一場真正的棘魚之戰，只有在兩條雄魚都在同一個水缸裡，而又同時都在築巢時才會發生。而且棘魚的鬥性，無論在什麼時候，都和牠與巢之間的距離成正比，當牠在「家」的時候，不但神氣活現、視死如歸，而且再厲害的敵人牠也敢鼓鰭而攻；但牠游得離家愈遠，就愈是沒有勇氣。

當兩條棘魚會戰的時候，旁觀者常能預先斷言孰勝孰敗：那條離巢較遠的魚，一定吃敗仗。在巢的附近，就是一條最小的魚也會勇氣百倍的把一條最大的魚打敗，因此一條棘魚的善戰與否，常常可以由牠領域範圍的大小看出。打了敗仗的魚一定逃回「家」裡，而勝利者得意忘形，總是會窮追不捨。可是牠離家愈遠，勇氣也漸漸消失；而先前的失敗者這時因為回到了自己的領地，勇氣猝然大增，重新回頭作戰，結果失敗的一定是先前的勝利者，於是這場追逐戰一下子就掉了頭。就這樣忽左忽右，忽東忽西，互相追逐廝殺，直到兩方的勢力在一點上獲得平衡為止，於是兩者的勢力範圍也就劃定了。

許多別的動物，尤其是鳥，都是據這個原則作戰的。凡是喜歡鳥、養過鳥的人都曉得：兩隻雄的紅尾鳥（redstart）打起架來，經過情形和上面敘述的簡直一模一樣。

一旦兩條棘魚在邊界上相遇，雙方都會遲疑不決，不敢發動攻擊，這時牠們會採取一種奇異的示威態度，一再的、反覆不斷的做出頭下尾上的姿勢。同時把身子較闊的一面側轉來對著敵方，而靠近敵方的腹脊也隨著豎起，不過同時牠們又好像是在缸底「啄」食。事實上，這種動作在普通的情形下是用來築巢的。這種情形在動物界甚是普遍：每當一組本能動作受到另一種同等強烈的動機所阻，而不能暢所欲為的時候，牠常常會做出另一組完全不相干的本能動作以求發洩。就魚來說，當牠不敢貿然發動攻擊時，常常會做出這種動作。近代比較人格學把這類現象稱作「替代性作用」（displacement activity），不論就生理學或心理學的眼光來看，都非常有趣。

鬥魚喜歡在作戰前示威自炫，棘魚卻不如此，只在戰事

結束或進行的當兒，擺出架勢，意思一下。這也就是說，牠們從不趕盡殺絕。雖然從牠們打架的模樣看來，好像一定要將對方置之死地而後快：一劍接著一劍，打得又快又急，看的人連跟都跟不上，而且腹側較大的那根腹鰭也張開了，實在嚇人得很；實際上卻並不管用。

過去有關水中生物的書老喜歡說：「這根腹鰭利如刀劍，以致不一會兒，一個鬥士就給對手刺穿了身子，死在缸底。」很顯然的，這些書的作者一定沒有在棘魚身上「戳洞」的經驗。因為就算是一條死魚，你如果拿一把鋒利的解剖刀去刺牠沒有披盔戴甲的地方，也不能在牠身上弄破一點皮——一方面固然是牠的皮硬，一方面卻也因為牠滑溜無比。如果你把一條死掉的棘魚放在一塊柔軟的墊子上（不管怎樣，軟墊的材質都要比水的支撐力強些），再拿一根尖利的縫衣針試著刺穿牠，你一定會對自己花費的氣力感到吃驚。因為棘魚的皮如是之硬且韌，所以打起架來很少會受重傷，和鬥魚比起來，簡直可以說毫毛未損。當然，如果你把兩條雄棘魚關在一個狹小的空間裡，有時候那較大、較強的魚也會把那些小些、弱些的魚凌辱至死。但是兔子、斑鳩在同樣的情形下也是一樣的。

棘魚和鬥魚這兩種性情激烈的魚在愛情上的表現也和在憤怒和戰鬥的表現一樣。不過牠們做起父母來卻有許多地方相似：不論築巢、教子，在兩種魚的社會裡，都是

雄魚的責任，而且這些未來的父親只有在育兒宅造就之後，才會想到愛情。

說到築巢，棘魚喜愛在缸底掘洞，鬥魚卻愛把巢築到水面上；棘魚用的材料是水草和一種黏性的腎臟分泌物，鬥魚卻利用空氣和唾沫。和鬥魚同一類的魚築的巢，都是一式的「空中樓閣」，由一大堆空氣泡泡黏在一起，半浮半沉的漂在水面之上，氣泡的外面還用唾沫塗上一層頗有韌性的膜。

鬥魚一旦起意築巢，牠的身上就會發光，而那件五顏六色的彩色衣裳也就愈是漂亮，尤其在有雌魚游近的時候，這些顏色會立刻加深，好像上過釉似的。牠會像閃電般迅速衝向她，通體發光。這時雌魚如果也準備好要聽從大自然的呼喚，她那淺棕色的皮膚就會浮起一條條淺灰色的紋，而且她會將鰭收緊，慢慢的朝著新郎游去。牠立刻興奮得發起抖來，魚鰭張開得好像就要裂開，只見牠滴溜溜的一轉，身上最華麗、最動人、最寬闊的一面就正對著新娘了。這樣自我炫耀一番之後，牠再用一種靈巧而優雅的步態向著「家的方向」游去，就是第一次看到的人也會馬上領悟到這是一種「招手式」的游法：凡是身上可以引起視覺效果的顏色和線條，似乎忽然之間都放大了，無論腰肢的扭動或鰭尾的搖擺，都不是為了加快速度而做出來的，意思不過在說：「我現在要走了，趕快跟著我來吧！」而且牠不但游得不快不急，反而頻頻回頭，含情脈脈的看著牠那跟在後面、羞答答的新娘子。

雌魚就這樣給帶到了新房的下面，緊跟著的一定是一場精采的「愛的嬉戲」，動作的細緻優雅像在跳小步舞，風格之特殊美妙，只有巴里島上的祭神舞差可比擬。其中每一個步子都是經過了不知多久的時間沿襲下來的，雄的永遠把他最華麗的一面對著雌魚，雌的永遠在雄的右側；雄魚在跳舞時也絕對不會多看雌魚的兩側。（若是他看了，可能就會大怒，因為在魚的社會裡，張開兩側的魚鰭總是表示示威或敵意，任何雄魚看見對方把魚鰭打開，就會本能的動怒發火，最熱烈的愛情立刻

就會變成最頑強的憎恨。）

一旦到了巢下，雄魚就開始圍著雌魚打轉，雌魚緊跟著，永遠把頭部正對著牠。就這樣牠們的圈子愈跳愈小，最後就到了巢下正中央的部分。這時牠們的顏色會愈來愈亮，動作也愈是瘋狂，終於牠們的身體接觸了。突然間，雄魚用自己的身體緊緊將雌魚圈住，輕柔的把她扳平。於是牠們的身體抖動著，瞬息之間就完成了傳宗接代的動作，卵子和精蟲幾乎在同時射出。

這時雌魚好像是昏迷了，有幾秒鐘一動也不動。雄魚卻立即開始忙碌起來：受精之後的卵子雖然小而透明，卻比水重，當它們沉向水底的時候，一定會經過雄魚低垂的頭而引起牠的注意，於是牠輕輕的放開牠的舞伴，靈活的滑到水底，把一粒粒魚卵撿起來含在嘴裡。牠再向上游，到了窩的附近，就把嘴裡的卵子，一股腦兒都吐進窩裡。這時，因為每一粒卵子都已裹上了一層唾液，就像受了魔法似的忽然可以浮在水上了。這幾件事也非得急急去做不可，不然那些透明的小粒一下子就混

在泥裡找不到了；而且萬一雌魚竟然在牠收完魚卵之前醒轉，她就會跟著衝過去把搶到的魚卵一粒粒含在嘴裡。

哈！你以為她會好心的幫她先生嗎？雌魚蒐集魚卵的樣子和雄魚一般無二，不過如果我們等著看她是否會把蒐到的魚卵堆到窩裡去，就一定會大失所望：凡是進了雌魚嘴裡的魚卵就再也不見蹤跡了，她總是把它們吃掉。因此雄魚知道得很清楚，為什麼牠得事事趕快。而且，一旦等牠們交配過十次到二十次，雌魚的卵都已安全進了氣泡之後，牠就再也不許她走近窩邊了。

美麗而勇敢的慈鯛，牠們的家庭生活比起鬥魚又要高明一些，總是父母一齊出力撫養子女。而子女跟著父母，就像小雞跟著母雞一般。如果我們順著生物演化的階梯向上走，這是第一組生物，牠們的行為連人都會許為「有德」，因為牠們即使在傳宗接代的大事完成之後，雌雄也不分開——不但不分開，還一齊撫養子女，而且一直同居到老死。通常，如果有一對伴侶一起協力撫養子女，不管他們彼此之間有沒有感情，我們都把這種關係定名為「婚姻」，但是慈鯛的婚姻卻是因情而生的。

為了要客觀的鑑定某種動物是否能「認識」牠的伴侶，在做實驗的時候，我們就得換上一隻和原來那隻同性，而且也正在孕育期同一階段的生物。否則，譬如：現在有一對鳥正要孵卵，我們把那隻母鳥換成另一隻正在餵養幼鳥階段中的母鳥，她的心理和生理上的狀況自然和孵卵期的母鳥不同。如果那隻公鳥對她抱有敵意，反應也不友善，我們很難知道他是因為她的行為「不當」而惱怒，還是真的注意到了這隻新來的母鳥不是他的妻子。

因為慈鯛是唯一的一種魚，夫妻同居直到老死，我因此極想知道牠們是否真能認識自己的伴侶。第一件要做的事，就是得找出兩對正處於孕育期同一階段的慈鯛。

就在一九四一年，我很幸運的得到兩對頂好的南美種的慈鯛——青斑德州麗魚（*Herichthys cyanoguttatus*），牠們完全符合我所要求的條件。如果把牠們的拉丁名字譯成中文，意思是「藍點的英雄魚」，真可說是名如其魚：在牠們黑絲絨一般光滑的背景上，點綴著許多像藍色的土耳其玉一般的深色斑點，看起來就像是一件精緻錯綜的剪嵌細工；牠們在孵卵期表現的勇敢，即使是最厲害、最強大的敵人，也不得不承認牠們真有資格稱作「勇士」。

我剛得到牠們的時候，連原來的一共有五條這樣的幼魚，不過既不英勇，身上也看不到藍點。我把牠們一起養在一個陽光充足的大水箱裡，經過幾個星期的細心餵養，牠們長得又大又壯。有一天，兩條大魚之中的一隻忽然著上了婚服，牠占了水箱左下方的前角，挖空了一個深深的洞，並且選中了一塊大石，細心的把上面的水蕨和其他的沉澱物弄掉，以便在大石光滑的一面上產卵。其餘的四條魚不安的擠在右上方後面的角落裡。不過第二天，另外一隻小些的魚也披上了一層漂亮的新衣，從她沒有藍點、黑絲絨一般的胸脯，可以看出她是一條雌魚。那條雄魚立刻用前面說過，與鬥魚迎娶儀式相同的舞蹈，把牠的新娘子接回「家」裡。

這一對新婚夫妻自此以後就總守在窩邊，勇敢的保衛牠們的家。對那剩下的三條魚而言，可真不是玩的，牠們被趕得一刻也不得安寧。又過了幾天，另外一條次大的雄魚也長成了，牠鼓起勇氣把對面的一個角落占了。這兩隻雄魚現在面對面像兩個對壘的武士一般，國界設在第二個武士的城堡附近。從我前面解說過的定疆界原則，你一定明白這是怎麼回事：因為雙手不敵四拳，那可憐的單身漢自然打不過那對新婚夫婦，因此牠的領土範圍也小得多。現在我們就把這單身漢稱作二號吧，牠每天從自己的城堡游到對面，想把鄰居的太太勾引過來。雖然牠一試再試，卻是一點用處也沒有——每次牠把美麗的魚鰭打開，她就劈面朝牠的腹部刺出一劍，同樣的情況持續了幾天。

終於第二條雌魚也穿上了婚服。看起來似乎我們就要有一場皆大歡喜的收場了；事實卻不然，這位新近及笄的雌魚和雄魚二號竟然彼此無緣。她一再的想要引起一號的注意，每次雄魚一號向「家」的方向游去，她就痴痴的跟在後面，好像是牠的新娘一般。不管雄魚一號是因為出擊還是別的，一旦牠辦完了事回窩的時候，她就「以為」牠是在邀她一齊走。從雄魚一號的妻子每次一見她就狠狠出擊看來，她顯然很了解雌魚二號的用心。雄魚一號雖然每次都幫妻子拒敵，牠對雌魚二號的攻擊卻並不激烈。

所以，這一對後一步長成的雄魚雌魚，一心一意只在那一對已經成了夫妻的雌魚和雄魚身上；而那一對新婚夫婦，陶醉在自己的愛情裡，對牠們並不注意。

如果這時我不插上一腳，把兩隻二號都搬到另一個相同的水缸裡，相信這樣的情勢還要繼續得久些。由於遠離了單戀的目標，兩個二號這時才因為同病相憐而成婚。又過了幾天，這兩對差不多在同一時間產卵，於是我就有了兩對完全符合條件的慈鯛，牠們不但同種同屬，而且都在孵育期的同一階段。我一直等到兩對的幼魚都已長大到可以自立時，才繼續把實驗做完。我這樣做的原因，是怕萬一兩對的婚姻突然破裂，幼魚可以不致受到太大的影響，因為這種魚種在當時已屬罕見。

於是時機一到，我就將兩條母魚對調了一下。只是從實驗的結果看來，還是很難確定牠們是不是真能分辨自己的配偶。我的解釋一定有許多人會認為太大膽，我也希望將來能有更完善的實驗去做進一步的證實。雄魚二號一見了雌魚一號就接受了，照我的觀察，牠並不是不曉得太太換了新人，因為牠現在每逢「換崗」或碰面的時候，舉動似乎比從前熱情得多；至於那條母魚，她對於新的環境也沒有什麼不滿，不但立刻默認了牠的身分，而且繼續本分的去做她應做的工作——只是這並不能說明什麼，因為母魚一過了孵卵期，就會全心全意的照撫孩子，那樣子好像一隻勤奮的母雞帶領著一群小雞。她對雄魚完全沒有興趣了，只在乎牠是不是能保衛家園，並按時輪班站哨。

當我把雌魚二號放進雄魚一號的水缸裡時，牠們的反應就大不相同了。看得出來母魚的興趣還是在孩子身上：雖然因為換了新環境而感到不安，但她立刻游到幼魚群中，急急的把所有的幼魚都召集到身邊，那樣子很像一隻膽怯的小母雞。這和雌魚一號在另一個水缸裡的舉動一般無二，可是父魚的反應就大相逕庭了。雖然雄魚二號對牠的新妻子雀躍萬狀，滿意得不得了，雄魚一號卻疑心重重的不讓雌魚二號靠近幼魚，牠不但不許她接替看孩子的工作，反而生氣的追趕著戳刺她。不一會兒，就有一些閃著銀光的鱗片如風掃殘葉一般飄落缸底，如果我不趕緊將雌魚移開，大概她會立即喪命。

這是什麼緣故呢？因為雄魚二號得到了牠從前求之不得的漂亮太太，當然對這樣的交換感到滿意。可是雄魚一號的美麗太太卻被我移走了，換來的是牠從前拒絕過的女士，因此，牠很惱怒。值得注意的是，這位老兄攻擊雌魚二號的行為，比起從前牠的合法妻子在身邊時還要猛烈。至於雄魚二號則因為換得心儀已久的「美妻」，所以故意對換妻這件事裝得懵然無知的樣子。事實上，我相信牠一定注意到妻子被掉包。

對旁觀者而言，這類魚教養子女的方法比牠們的愛情生活還要有趣引人：不論什麼人，只要看過牠們噓寒問暖的法子——時時對卵或幼魚輕撫一道清流；或是看過牠們一分不差的按時換班、輪流值日守夜；或是看過牠們在幼魚長大懂得水之後，怎樣小心的帶著牠們試水，都會永難忘懷。尤其是幼兒能泳之後，父母晚上安置牠們上床的景象更是可愛。通常幼魚在沒有滿月之前，每天晚上天一黑就要回到牠們孵化的洞裡睡覺，這時做媽媽的會站在巢的上方，擺動魚鰭，發出一定的信號，把所有的小寶貝們都招呼到她身邊來。

這種行為在慈鯛中最美麗的一種寶石魚（jewel fish）裡，發揮得最是盡善盡美。我想布魯克在寫下面的詩句時，想到的一定就是牠們：

從玫瑰的花心偷到一抹暗紅，
從沒有星星的天空，剝下一層藍色青青，

還有那眼後的一杓黃金，
綠沉、紫寂，
黑黑的背景上，該有多少彩光現現隱隱？

當一個做母親的寶石魚催促她的寶貝上床的時候，她那有著燦爛的青色斑點的暗紅脊鰭，自有一種特別的作用：這根脊鰭會不停的上下抖動，使得上面的寶石閃閃發光。幼魚見到了這種信號，立刻會聚集到母親的身邊，聽話的回到巢裡睡覺。這時那個做父親的會滿缸裡尋找走失了的孩子，一旦找著，牠從不領著牠們游回家，總是直截了當的把孩子吸進嘴裡，帶回家，再把牠們一起吐在洞裡。

這些小魚會馬上重重的沉到洞底，並且會一直停留到第二天早晨。原來這是一種奇妙的反射作用，幼魚的氣囊一到入睡的時候就會自動的、緊緊的收縮起來，牠們的身體因此變得比水重，能夠像小石子一樣直沉到底。這和牠們從前做嬰兒的時候，泳囊的氣還沒裝滿時是一樣的情形。每當一條父魚或母魚把幼魚含進嘴裡，這種「變重」的反應就會發生。如果沒有這種反射作用，做父親的到了傍晚要把小孩子招攏來帶回家，就太難了。

有一次，我看見一條寶石魚在把貪玩的孩子趕回巢裡睡覺時，做了一件使我大吃

一驚的事。那天，我很晚才到實驗室，天色已經全黑。有一些魚一整天都沒吃到東西，因此我急急的想餵飽牠們。當我走近水缸的時候，我看到大半的幼魚都已入睡，牠們的媽媽正在巢上徘徊照看。這裡面有一對正在養孩子的寶石魚，雖然我丟了幾段蚯蚓進缸，母魚也不來取食；那條父魚正興奮的前前後後追尋跑開的小魚，不過時而也偷空吞下一段蚯蚓尾巴（不知道什麼緣故，幾乎所有吃蚯蚓的都愛牠的尾部）。這時牠游上來搶了一段蚯蚓，因為太大了，一時吞不下去，就在牠細細咀嚼的時候，忽然看到一條幼魚正獨個兒在缸裡游來游去，一下子牠幾乎呆了。

接著我就看見牠追著那條幼魚，並且一口吞進牠已經塞滿了蚯蚓肉的嘴裡。這下子可就精采了，現在這魚的嘴裡有兩樣東西：一樣要進胃，一樣要進巢，牠會怎麼辦呢？我承認那一刻實在很為那條幼魚的小命擔心。

不過後來發生的事才叫出人意外呢！這魚帶了滿嘴的東西，頓在那兒一動也不動，滿嘴的肉也顧不得吃了。就在這一刻，我總算看到魚怎樣想心事、動腦筋了。妙的是碰到這麼為難的一件事，魚的反應竟然跟人一樣：先是把一切行動都停頓下來，既不前進也不後退。

這條做父親的寶石魚就這樣呆了好幾秒鐘，你幾乎可以看到牠在那裡絞腦汁，做決定。最後牠想出了一個辦法，凡是看到的人都會佩服不已：牠先把嘴裡所有的東西都吐出來，蚯蚓自然沉到缸底，而那條小魚，經過前面說過的「變重」反應也沉到水底；然後牠不慌不忙的把蚯蚓吃掉，一邊監視著躺在牠身體底下的小孩。等牠吃完了，再把小孩吸進嘴裡帶回家交給媽媽。

有幾個學生，跟我一起看到了全部的經過，忍不住喝起采來。

第五章

動物笑譚

我很少笑話動物，有時笑過，後來總是發現其實笑的是自己，或者也是因為動物的某一種滑稽相很像人才笑的。我們總是站在關猴子的籠子前面笑，但是當我們看見一隻毛蟲或蝸牛的時候，就不覺得那麼可笑了。如果我們覺得公雁鵝追求雌鵝時的舉動滑稽得不得了，那是因為我們自己在戀愛的時候，也一樣做過許多荒唐事啊。

凡是有經驗的觀察者都不會隨便取笑動物的奇行異相。我每次看到那些去逛動物園或水族館的人，站在一隻因為演化的關係而變得奇形怪狀的動物面前大聲嘲笑的時候，就覺得生氣；我認為他們其實是在嘲弄一些神聖的東西——生命的來源，創造和造物者之謎。我一點也不覺得變色龍、或是河豚、或是食蟻獸的樣子有什麼可笑的，每次看到牠們，我心裡就會升起一股驚奇的敬意。

不過，我也笑過一些出其不意發生的趣事，雖然這樣的笑聲本身和我剛剛提到的那些人令人生氣的笑聲一樣愚蠢。我初次得到一種叫「彈塗魚」（Periophthalmus）

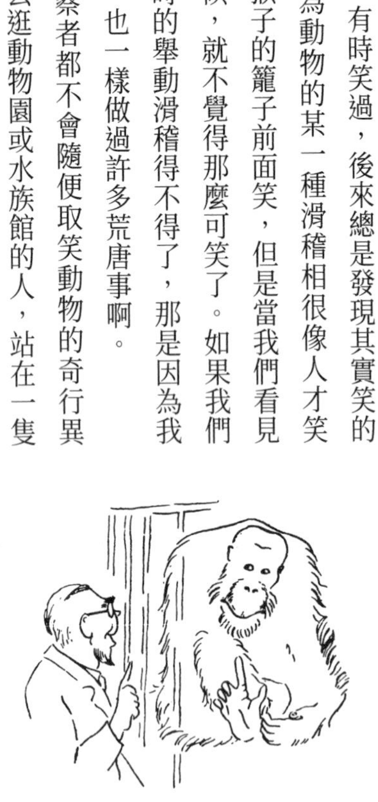

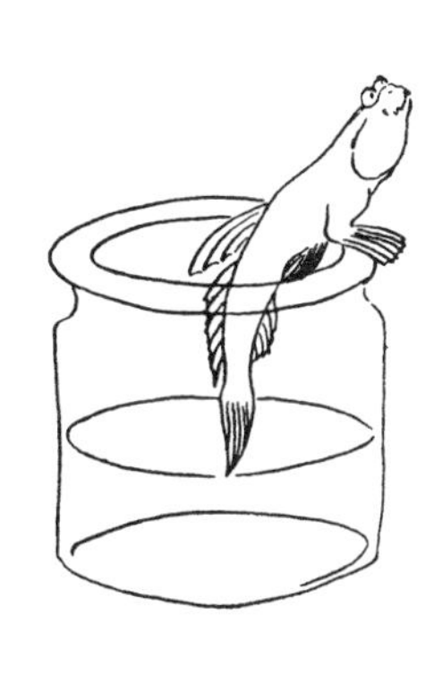

的兩棲魚時，就曾經大笑過：因為其中有一條魚忽然從缸裡跳了出來——不是跳出缸外，而是跳到缸沿上，一面轉過牠那哈巴狗似的臉，一面動也不動的用牠那大而突出的眼睛凝視著我。

想想看：這是一條真正的魚，有脊椎、有鰓、有鰭，卻像金絲雀一般「坐」在缸沿上，又像某些有地域觀念的動物一樣把頭正對著你，實在是太不像魚了。尤其滑稽的是，牠還用兩隻眼睛看人，即使是鳥類，也不作興這樣兩眼瞪物的；貓頭鷹（owl）就是因為這一點特別，才總是在故事裡以「智者」的姿態出現。不過當時這條魚的模樣之所以引人發笑，也是因為牠像人而已，與牠本身的形相無關。

在研究高等動物的行為時，常常會發生一些妙事，不過逗笑的主角常常不是動物，而是觀察者自己。他們在和有高度智慧的鳥或哺乳動物打交道的時候，常常需要不顧自己的尊嚴，所以，實在不能嗔怪有些外行人批評：研究動物行為的科學家實驗的方法怪誕不經。如果不是因為我出了名的無害於人，大概老早給關進瘋人院了，等我說過一個小故事之後，你就明白為什麼艾頓堡的居民都把我當瘋子了。

有一段時期我正在做有關水鴨子（mallard）的實驗，想要解釋存在我心中已久的疑問。疑問是這樣的：剛剛從人工孵卵器孵出的小雁鵝，總是把第一個碰到的生物認作是自己的母親，並且一心一意的跟隨著她（請參閱第十二章〈小雁鵝〉）；但是水鴨子就不同了，凡是由人工孵卵器養出的小鳧，總是極其羞怯，難以接近，每次一出殼，就趕緊逃開，躲到附近的暗角裡不肯出來。這是什麼緣故呢？

記得有次我把一堆水鴨蛋拿給一隻麝香鴨（muscovy duck）代孵，小鳧的羽毛一乾，也是馬上就逃走了，我費了好大的勁才把牠們抓了回來。又一次我讓農場裡的一隻胖大白鴨代孵，那些小傢伙卻高高興興的跟在她後面，好像她是牠們真正的母親似的。我猜想關鍵一定在母鴨的叫聲上，因為從外表看來，不管是那隻家養的白鴨還是麝香鴨，都和真正的水鴨長得大相逕庭；不過白鴨的叫聲卻和水鴨一樣——這是因為農場的家鴨原是由野鴨馴養而來的，在這段馴養的過程之中，野鴨羽毛的顏色和身體的形狀都已大變，但是叫法卻還保持原樣。

我因此得到一個頗為清晰的結論：如果我要小鳧跟著我走，我得學母鳧一樣叫才行。「他在脖子上掛個鈴鐺，嘴裡發出哞哞的叫聲，小牛就以為他是母牛。」布許（Wilhelm Busch）的詩句正是這種情況的最佳寫照。

於是我立刻著手去做這個實驗。就在復活節後的第七個星期天，我把一窩待孵的水鴨蛋放在人工孵卵器裡。小鳧一出殼，羽毛剛乾，我就學著母水鴨的叫聲，不停的喚著牠們。果然，這一次這些小鴨子一點也不怕我，牠們信任的望著我，擠成一堆，聽任我用叫聲把牠們帶走。我的猜想因此完全得到證實：新出世的雛鳧只對母鳧的叫聲有本能的反應，卻不知道母親該像什麼；只要會像母鴨一樣叫喚，不管是隻肥胖的北京鴨還是一個更胖的人，都成了牠們的母親。

不過，這個代替物卻不能太高，在實驗開始時，我原和小鴨子一樣匍匐在草中，後來我逐漸換成坐的姿勢。可是，等我一旦站起來試著帶牠們走，牠們就不動了；牠們的小眼睛焦急的向四周探索，卻不會朝上方看，沒有多久，就像遭棄的小鴨子一般，發出細細的尖叫，哭起來了。因此，為了要牠們跟著我，我不得不蹲著走，這自然頗不舒服。尤其糟的是，做母親的水鴨子得時刻不停的喚叫，只要有半分鐘的時間忘了「呱格格格，呱格格格」的唱著，小鳧的頸子就拉長了，和小孩子拉長了臉一樣。要是這時我不繼續叫喚，牠們就要尖聲的哭了。好像只要我不出聲，牠們就以為我死了，或者以為我不再愛牠們了？這真是值得大哭特哭的理由呢！

小鴨子和雁鵝不同，小鴨子對母親的需索不休，帶牠們真是累人的差使。想想看，我不但得蹲在地上爬行，還得不停的嘎嘎叫，這真不是好玩的。

不過為了探求真理，也只好忍受這種考驗了。所以，那個星期天，當我帶著那群小鴨子在我們園裡青青的草上又蹲、又爬、又叫的走著，而心中正為牠們的服從而暗自得意的時候，猛一抬頭，卻看見園子的欄杆上排了一排死白的臉。

這自然是一些外地來的觀光客，他們大概讓眼前的景象嚇得呆了，因為他們只看到一個有著一大把鬍子的大男人，屈著膝，彎著腰，低著頭在草地上爬著，一邊不時回頭偷看，一邊大聲的學著鴨子的叫聲——至於那些小鴨子，那些叫人一看就明白原委的小鴨子，卻完全不露痕跡的藏在深深的草裡，你叫那些觀光客怎麼能相信自己的眼睛呢？

關於穴鳥的習性好惡，我在第十一章會有專論。這種鳥的記憶極好，任何東西只要捉過牠們一次，牠們就終生不忘，而且還會彼此示警，群起而攻之。我的園裡養了很多穴鳥，每次要在小鳥身上繫上錫環以便辨識，就要傷許多腦筋。每次我把小鳥從巢裡取出，總不免被成年的穴鳥撞見，不一會兒，我的身邊就飛滿了吵嚷憤怒的大鳥，這對以後我和牠們之間的交往，自然妨害甚大。

我該怎樣才能使牠們不把我當敵人，一見我就避開呢？答案很簡單：化裝。但是化裝成什麼呢？我必然想起每年十二月六日為了慶祝聖尼古拉和魔鬼的大節裡所穿的鬼裝，它們現在正躺在閣樓中的一個盒子裡，拿出來真是方便得很。那是一套華麗的、全黑帶毛的鬼裝，不但如此，還有一個面具可以套住整個頭部，有角、有拖在嘴外的舌頭，還有一條非常長的尾巴。

如果在一個可愛的六月天裡，你忽然聽到一棟高房子的屋頂上，發出一陣可怕的吵聲。你抬頭一看，卻是一個有角、有尾、張牙舞爪的撒旦，從一個煙囪爬到另一個煙囪，熱得連舌頭也掉了出來，身邊還有一堆黑鳥，發出刺耳的尖叫，緊追不捨，真不知你會怎麼想？

大概不會猜到這個魔鬼是在用鉗子給小鳥上錫環吧？那天一直到我把工作做完，才發現村裡的大街上已經擠滿了人，他們驚愕的神情與那堆觀光客在欄杆上的表情一樣。如果這時我把衣服脫掉，再向他們解說一番，相信他們會明白原委；但是這樣做那些鳥就會認得我了，失了我化裝的原意。所以我只友善的向大家搖了搖尾巴，然後很快的從閣樓的天窗消失。

第三次我差點被送進瘋人院裡，這得怪我養的那隻黃冠大鸚鵡「可可」了。那年復活節前幾天，我花了一筆數目可觀的錢買下這隻漂亮而溫馴的鳥。過了好幾個星期，這個可憐的傢伙才漸漸從牠長期禁錮所受的精神虐待中回復過來。最初牠甚至不知道自己已經不受腳鏈的約束，可以隨意行動；看到這隻驕傲的大鳥坐在樹枝上想飛卻又不敢飛的模樣，真叫人覺得可憐。不過最後等牠克服了這種心理障礙時，牠馬上變得活潑而精神奕奕起來，並且對我戀戀不捨。

晚上我們通常把牠關在屋裡睡覺，早晨一放牠出來，牠總是迫不及待的來找我。牠聰明得很，不要多久，就知道在那兒可以找到我了：首先牠一定飛到我的臥房窗口，如果我不在裡面，牠便會去養鴨子的水塘裡。只要是我早上要做例行檢查的地方，牠都會一一找到。這種追尋對牠而言並不是沒有危險，因為牠如果找不到我，就會愈飛愈遠，有好幾次迷了路，回不了家。因此，我的助手都知道，凡是我不在家的時候，就根本不把可可放出來。

六月裡的一個週末，我從維也納坐火車回艾頓堡。因為天氣好的時候，週末常有別的地方的旅客到艾頓堡來游泳，所以和我一起出站的人很多。我才走了幾步，忽然看見前方有一隻大鳥，在離地相當遠的空中緩緩而飛，牠的動作非常之慢，時而振翅時而滑翔。一時之間，我完全不能確定這到底是哪一種鳥，說牠是鵟鷹（buzzard），未免太重；說牠是鸛（stork），又不夠大，而且鸛在飛到這般高度的時候，頸子和腿應該還看得見才對。這時，牠忽然歪斜了一下。落日的餘暉照在牠巨大的翅膀底部，就像夜空因為星星而發光一般，我看出來這是一隻白鳥——老天！這不是可可嗎？牠的翅膀穩定的動著，不是很清楚的表示牠正要去做長途飛行？

我怎麼辦？該不該喊牠一聲呢？對了，你聽過黃冠大鸚鵡的鳴聲沒有？假使沒有，只要想想用老法子殺豬時豬的嚎聲，再用擴音器放大幾倍就得了。如果一個人用盡全身之力，把嗓門逼得尖尖的，發出「哦——啊」的叫聲，雖說比不上大鸚鵡的氣勢，聽起來也滿像了。從前我曾試過這樣喊牠，每次牠都聽話的回到我的身邊，但是牠現在飛得這麼高，肯不肯聽話就不知道了，因為鳥通常不喜歡直直的從上往下飛

的。到底叫不叫牠呢？那一刻真叫我為難呀，如果我叫了，牠竟然理也不理的飛走了，我怎麼向旁邊的人解釋？

不過我到底還是叫了，我四周的人一個個都像生了根似的定在那裡，可可伸開了翅膀遲疑了一會兒，然後斂翼俯衝而下，只一下就停在我伸出的手臂上了。真是謝天謝地，我總算鬆了一口氣。

又有一次，這隻鳥的惡作劇把我嚇了一大跳。我的父親那時已經上了年紀，他最喜歡在我們房子西南面的陽臺上睡午覺。我雖然很不贊成他在強烈的陽光下曬著睡覺，他卻不肯讓任何人改變他的老習慣。一天又在他睡午覺的時候，我忽然聽見他在陽臺上像個大兵似的大聲咒罵起來。我連忙趕去，只見這位老先生彎著身子，蹣跚的走過來，兩手緊緊的圍在腰際。

「我的天啊，你是不是病了？」

「沒有，」他生氣的說：「我一點病也沒有，只是那個混帳東西在我睡覺的時候，把我褲子上的扣子全咬掉了。」

我跑到犯罪現場一看，果然，可可不但把這位老教授身上的扣子全咬下來了，而且還整整齊齊的排在地上：袖子上的扣子成一堆，背心上的成一堆，另外，一絲不錯的，褲子上的扣子也排成一堆。

這隻鸚鵡還有一樣好把戲，可以跟猴子和小孩子的豐富想像力媲美，也許是因為牠對我母親的熱愛而觸動了靈機吧。夏天裡，我的母親只要在院子裡坐，總是一刻不停的織著毛衣。可可似乎很清楚那一團團柔軟的毛線是幹什麼用的，牠總是一口咬住露在外面的活線頭，很快的飛到空中，把一整團線都打開來，就像一個紙風箏拖著一條極長的尾巴。牠總是竄得高高的，然後繞著我們屋子前面的椴樹（lime tree）有規則的打起轉來。要是沒人在那兒打斷牠的好把戲，牠就把整棵樹都纏上鮮豔的毛線，叫你怎樣也沒法子再解開來。我們家的客人常常會在這棵樹前一站半天，想不出我們為什麼把它打扮成這個模樣，也不知道我們

是用什麼法子把毛線纏上去的。

這隻鸚鵡對我母親真是一往情深，牠熱烈的追求她：在她的身邊用各種古怪的姿勢跳舞，一下子把牠漂亮的冠毛打開來，一下子又合上；而且無論她到哪兒去，牠都跟著；如果她不在，牠一定像初來時找我一樣，孜孜不倦的去找她。

我的母親一共有四個妹妹，一天，我的姨媽們和好幾個相熟的老太太一起在我們家的走廊上喝茶。她們圍著一張很大的圓桌子坐著，每人的面前都有一盤才從園裡採來的新鮮草莓，桌子的中央放了一淺碟很細的糖粉。這隻鸚鵡，不知是有意還是無意，打外面飛過，偶然看見我的母親正在裡面主持茶會，才一轉眼，牠就已經俯衝而下了。走廊上的門雖然很寬，卻比牠張開的翅膀窄，牠大概想像平時一樣，一下子就停在我的母親面前。

這一次，卻不那麼簡單了，等牠好不容易落到桌子上，才發現原來四周都是陌生的面孔，牠想了一下，然後突然跳起來，像架直升機一樣掠過桌面，一轉身就不見了。碟子裡面的糖粉經牠這麼一來，也跟著不見蹤跡，桌子的四周卻坐了七個塗滿了糖粉的老太太，臉上像痲瘋病人一樣白得像雪，每個人的眼睛都閉得好緊，實在是「美」極了！

第六章 對動物的惻隱之心

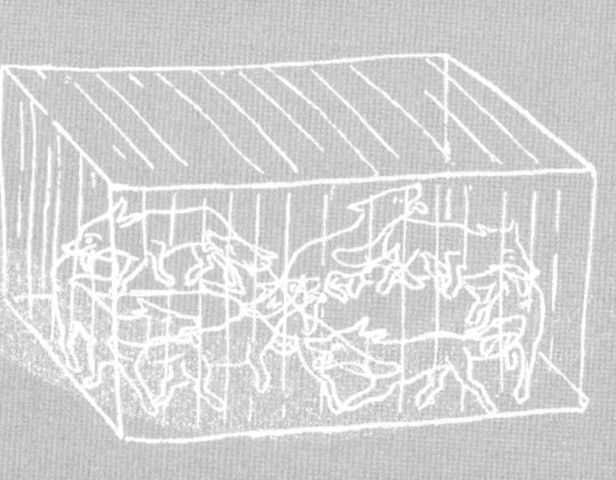

受苦為慈悲之母

——柯勒律治（Samuel T. Coleridge, 1772–1834，英國詩人）

任何人只需到動物園去聽聽遊客的談話，就會發現一般人的同情心都表錯了對象：那些最受人注意的動物，往往是最不需要同情、對牢籠生活適應得最好的動物；至於那些真正受苦的可憐蟲，卻得不到一點憐憫。一般人都喜歡同情在文學上大出鋒頭的動物，像夜鶯（nightingale）、像獅子、像老鷹。

我們對夜鶯的誤解，可以從文學上總以為是雌的夜鶯在唱歌這一點上看得出來，德文裡面，甚至「夜鶯」這個字就是陰性。事實上，只有公的夜鶯才唱歌，而且牠們之所以要唱，一方面是對同類裡面的其他公鳥示威，不許牠們飛近自己的領土；另一方面，也是向偶爾飛過的雌鳥示意，表示牠的新房已經準備好了，立刻就可以成家。

任何人只要對鳥類有一點認識，都知道只有公的夜鶯才「會」唱歌。把那麼嘹亮的歌聲，當作是雌鳥在抒情，就和學文學的人把丁尼生（Alfred Tennyson, 1809–1892，英國詩人）創造的關妮薇（Guinevere）當作是個大鬍子一樣的荒唐無稽。就是為了這個原因，王爾德（Oscar Wilde, 1854–1900，愛爾蘭作家）的神仙故事：夜鶯在「月光下對玫瑰吟唱，並把她心的泣血，一一染在他的身上」，始終不能感動我；而且我得承認，當最後這位有鬍子的姑娘因為胸上刺滿了刺，而不得不停止歌唱的時候，我真是大大的鬆了一口氣。

以後我還要詳細討論「籠中鳥」的苦處。不過，關在動物園籠子裡的夜鶯絕不是最難受的，當然，公鳥唱了又唱，卻引不出一隻雌的夜鶯來，自然會有些失望；但是，即使是在林子裡，通常因為公鳥的數目總比雌的多，所以有一批公鳥總免不了會受到這種「求之不得，輾轉反側」的痛苦。

獅子是另一種常常受到誤解的動物，書裡形容到牠時，往往把牠的居地和牠的性情一起說錯。英國人稱牠作「叢林之王」（Kings of the jungle），未免把牠住的地方說得太潮溼了；德國人，以他們一貫徹底作風走到另一極端，又把牠放到沙漠裡去了，稱牠作「沙漠之王」（Wüstenkönig）。事實上，不乾不溼的大草原，才是牠真正喜歡住的地方。而且，牠之所

以顯得那麼不可一世、威風凜凜，被稱作獸中之「王」，乃是因為牠習慣獵取原野上較大的動物，常常要一跑好遠，對於就在眼前的景物不去注意而已。

獅子在受到關閉的時候，不像其他和牠等智力的食肉獸一樣難受，原因很簡單，因為牠並不那麼喜歡活動。說得露骨一點，獅子大概是所有肉食動物裡最懶的一種了。牠的懶惰簡直叫人羨慕。在天然的環境裡，牠雖然會為饑餓的威脅跑好遠好遠，但是很明顯的，這並不是牠的本性。因此，被捕的獅子很少會像狼或狐狸，在籠裡走來走去的。就算牠偶爾想鬆散一下筋骨，起來走動走動，牠的樣子就像在做飯後散步，簡直悠閒極了，一點也不像一隻被捕的食肉獸因為不得任意馳騁，只好在籠子裡來回奔跑，以表示牠的不耐和忿氣。

在柏林動物園裡，獅子住的地方非常之大，裡面有一小塊地鋪滿了砂石，還有用黃石堆成的巖崖。其實這種浪漫的安排完全是浪費，因為獅子只是懶懶的躺在那兒。如果造個大模型，放些動物標本進去，效果也差不多。

現在我們再看看老鷹吧，我真不願意拆這種名鳥的臺，但是我必須得擇「真」固執呀！事實是：所有真正的食肉鳥，比起燕雀（passerine）、鸚鵡一類的鳥都要笨得多。特別是金鵰（golden eagle），簡直可以說是所有的鳥裡面最蠢的了，比起穀倉空地上養的雞還不如。這當然不是說這隻驕傲的鳥不漂亮、不起眼，或者不能代表一種真正野性的精神，而是說牠心靈的秉賦，牠對自由的喜愛，以及牠在被俘之後的心理狀況，不像其他的鳥那麼敏感而已。

我到現在還記得，我的第一隻、也是唯一的一隻鷹帶給我的失望。這是一隻白肩鵰（imperial eagle）。我因為憐憫她的關係，由一個流動的巡迴動物園買得。她是一隻漂亮的雌鷹，由羽毛的顏色看來，差不多就快長成了。她已完全馴服，很會招呼主人，後來我有了她，她也是一樣，把頭倒過來讓她那可怕的鉤嘴筆直的對著上方，這是她對人表示親熱的一個特別的姿勢。而且她說話的聲音非常輕柔，就像隻小鴿子一樣；其實和小鴿子相比，她真算隻綿羊（見第十三章）。我本來買她，是想學亞洲人那樣，把她訓練成一隻獵鷹的。我對這件事的期望並不高，並不認為一定會成功，不過想用一隻家兔當餌，看看這類食肉大鳥在獵食時的行為。這個計畫結果完全失敗，因為我的老鷹，就算在她非常饑餓的時候，也不肯損害兔子身上一根毫毛。

雖然她非常健壯，翅膀的羽毛也十分完好，但她卻並不想飛。渡鴉、鸚鸚、和鵟鷹常常會為飛而飛，在空中遊嬉，盡情享受飛翔

之樂；但是我的這隻鷹就不了，只有當空中有上旋的氣流，她可以不費力的乘風而上的時候，才肯動一動翅膀。其實就算在那種情形下，她也從不飛得太高，她每次回來都會迷路。因為她盤旋而上的時候，一點方向觀念也沒有，所以每次都會降落到附近的地方，然後她就愚昧而憂愁的坐在那兒，一直等到我去把她找回來。

也許我不理她，她獨自也可以找得回來；不過她長得太顯眼了，每次總有人打電話給我，告訴我這隻鷹現在正在某家的屋頂上，還有一大堆小孩正拿石子扔她。然後我得徒步走到那兒，因為這個蠢東西最怕的就是自行車——她真不知道害我走了多少路！

到後來我實在是不勝其煩了，又不願把她永遠拴在鏈子上，所以就把她送進休柏倫（Schönbrunner）動物園。

現在一般動物園的鳥舍都很寬敞，足夠老鷹在裡面翱翔了。如果我們能夠問問這類籠中鷹對牢籠生活的意見，相信牠會說：「就是『鳥』口太多了一點，每次我和我的太太想在巢裡添一根新枝，總會有一隻討厭的白頭兀鷹來把它銜走。那些美洲白頭海鵰（bald eagle）也不是什麼好東西，牠們長得比我們壯，架子大極了。不過，最討厭的還是算安第斯山脈來的康多兀鷹（Andean condor）了，真看牠們不順眼！……吃的東西還算不錯，就是馬肉太多了一點，假使是兔子就好了，可以連皮帶骨一起吃

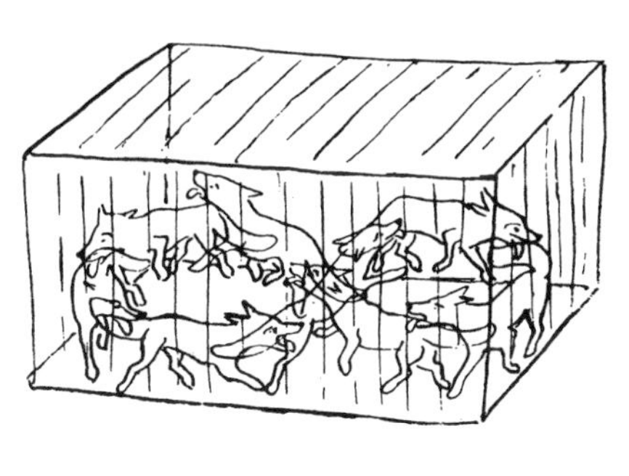

掉。」總之，牠們絕對不會提到對於自由的嚮往。

那麼，到底哪些動物在被俘後最值得同情呢？對於這個問題，我前面已經回答了一部分：第一種是那些比較聰明而有較高靈性的生物，牠們的心思活潑，時時都要動，而且牠們還有許多內在的、非常強烈的慾望，是在籠子裡或欄杆內不能滿足的。就連外行人也知道，凡是在自然的環境裡慣於到處走動的動物，都天生對運動要求得特別強烈。老式的動物園往往把狐狸和狼放在很小的籠子裡，這些動物其實都是特別愛動的。動的慾望受阻，對牠們而言不啻是酷刑，在被關的動物裡面，要數牠們最為可憐了。

另外還有一種慘象，一般到動物園參觀的人很少注意到的，就是天鵝這一類的候鳥。牠們和大多數水鳥一樣，一到冬天，就想南飛。動物園通常把這類鳥翅上尖端的骨節剪掉，阻止牠們飛離，這些鳥卻很少領會她們已經不能飛了，總是一試再試。

我很不喜歡看剪翅膀的水鳥，因為翅膀被剪已經很是不幸，再看到牠們一再徒勞的張翅欲飛，實在令人不忍。就算有些水鳥並不介意翅膀被剪，似乎生活得很正常，我還是由衷的可憐牠們。

一般說來，剪了翅膀的天鵝似乎並沒有什麼不樂，如果照顧得好，牠們也一樣的孵卵、養育子女。但是一到變換季節應該遷徙的時候，情形就不同了：牠們總是一次又一次的游到池塘裡背面的那一面，這樣，當牠們御風而起的時候，整個池面都可以供牠們起飛。同時，牠們在試飛前互相呼喚的聲音是這麼嘹亮，以致於老遠老遠就可以聽得清楚。可是，當這種壯觀的場面一再的因為翅膀不全而草草結束的時候，就是心腸再硬的人看了也會心酸。

許多動物園的管理方法都不盡妥善，但是在裡面受苦的動物中間，要以我前面說過的這些感覺靈敏的生物最為不幸了；可是去動物園參觀的遊客卻很少可憐牠們，甚至當這些本來極有智慧的動物因為長期被禁，而退化到白痴的地步的時候，也

無人聞問。

我從來沒有在關鸚鵡的房子前面聽到一聲同情的嘆息；那些感情豐富的老太太們，為了防止動物受虐待，簡直不遺餘力，卻能若無其事的眼看著一隻灰色的大鸚鵡關在一個小小的籠子裡，拴在一根棲木上！其實，這些大型的鸚鵡不但聰明而且精力旺盛，牠們和烏鴉（crow）大概是鳥類僅有的幾種和人一樣，會因為監禁無聊而受苦生病的。可是卻沒有人同情這些可憐的東西在鐘罩型的小籠內捐生。最叫人難以了解的事，就是當牠將頭一伸一縮，為了逃出牢籠而做絕望的嘗試的時候，牠那多情的主人還以為牠是在鞠躬呢！如果我們把這個不幸的傢伙從牢籠裡放出來，常常要等好幾個星期，甚至好幾個月之後，牠才敢真正飛走。

猴子在受到禁閉的時候，情形更加可憐，尤其是所有類人的猿猴，牠們是唯一的一種動物在受到關閉之後，會因為心靈上的損害而引起身體上的嚴重病態。尤其在牠們獨自被關在一個小籠子裡時，病情就更嚴重了，有時甚至會因為無聊致死。

就是為了這個緣故，凡是由私人收養的小猴子，總是長得特別健壯活潑，因為牠們就像「家庭中的一員」。可是等牠們一旦長大，變得難以控制，而被送到動物園去之後，牠們就開始消瘦憔悴了。我的那隻戴帽猴「葛羅麗亞」就不能避免這種命運。

我常常說，要把類人猿養得好，最要緊的，就是避免使牠們受到因為監禁而引起的心靈上的苦惱，這話確實一點也不誇張。我的手頭就有一本葉克斯（Robert Yerkes）論猩猩的妙書，他大概可以算是研究這一類人猿的權威了；從他的書裡可以得到一個結論：要維持這類「類人猿」的健康，心理的保健和身體的保健同樣重要。不幸的是，現在仍然有許多動物園把類人猿一頭頭單獨的關在很小的籠子裡，這實在是一種殘酷的行為，法律應該禁止他們。

佛羅里達州的橘園（Orange Park）裡，有一片很大的場地——是葉克斯專門用來養類人猿的。他已經經營了好幾年了，有一大群猩猩在裡面生養不息，牠們十分逍遙快活，就和我的白頭翁（whitethroat）在我給牠們準備的鳥舍裡一樣。也許比你跟我還要自在得多呢！

第七章 如何選購動物

兄弟姊妹們，
聽我來相勸；
勿將心許狗，
由牠撕成片。

——吉卜林

很少有人知道哪些動物適於收養。許多愛好自然的人一次又一次的想在家裡養幾隻小動物，不是因為方法不對，就是因為選錯了對象，很少克善其終的。而且，大多數銷售動物的商人也不懂得幫助顧客，在他們選購的時候，給他們合適的忠告。

所以，一個新手首先要知道自己收養動物的目的是什麼？

一般人通常是想接觸自然界才養動物的。文明人對於大自然這個「失樂園」的渴念，也正是誘發吉卜林寫作《叢林奇譚》的同一個古老動機。雖然每隻動物都是大自然的一點一滴，卻不見得任何一種動物都能養在家裡，做大自然的代表。那些你不該收養的動物大致可分兩類：一類不能跟你生活在一起，另一類你不能和牠一起生活。前者多半是那些極端敏感的動物，牠們在人為的環境裡很難保持健康；後者包括我在第一章〈動物的麻煩〉提到的那些頑皮傢伙。

普通家畜店裡有一大半的動物不是屬於前者，就是屬於後者；剩下的，雖說不太嬌養，也不致帶給買主過多的麻煩，卻又多半沒有什麼趣味，無論就費用和收養所花的心血看來都不值得。普通家裡，和動物養殖所飼養的玩物，像金魚、烏龜、金絲雀、天竺鼠（guinea pig），養在籠裡的鸚鵡、安哥拉貓（Angora cat）、巴兒狗（lap dog）等等都是些沒趣的傢伙，幾乎不能帶給你什麼特別的生活情趣。而這種種情趣，在我看來，才是收養牠們的真正目的。如果我們把這些動物撇開，只揀有趣的看，那麼就要靠下面這些條件決定了：我們對聲音敏感的程度如何？我們每天有多少時間在家？什麼時候在家？

我們是不是只想給家裡帶進一點大自然的氣息，因而每當我們舉目四顧的時候，不致以為除了柏油、水泥和煤氣管外，這世界再沒有更迷人的東西？我們是不是只想找一點不是人的手造出來的東西看看？還是想要一個動物作伴？

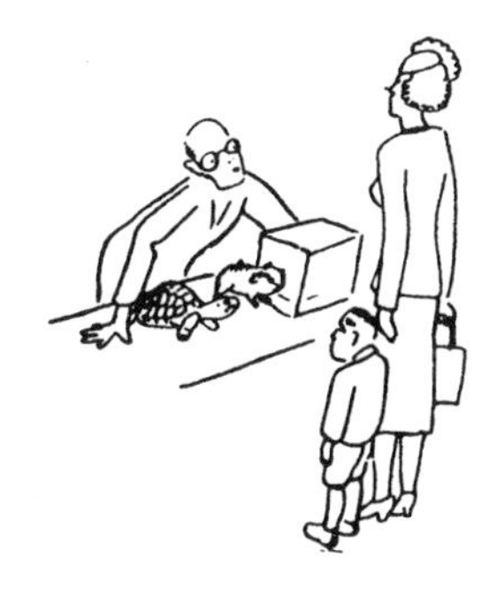

如果你愛看生意盎然的東西，眼前想有一抹大自然的色彩，最好的選擇應該是個水族箱。如果你想使你的小房間裡喜氣洋洋，那麼就去買一對小鳥。有一對快活的照覺鳥（bullfinch）住在一個大的籠子裡，房間立刻就會洋溢著溫暖的家庭氣息，雄鳥會用牠那安靜而低沉的調子，唱出甜蜜的歌聲，使你如沐春風，陶醉不已。而且牠莊重而禮貌的舉止，以及牠對牠的小妻子的溫存體貼，看起來都是很教人感動的。牠們也不麻煩，每天只要有幾分鐘的時間就可以把牠們照料得很好，食料只要幾個銅板就可以買到，就連牠們偶爾要吃的綠色蔬菜，也是很容易取得的。

但是，如果你想要一個更親密的伴侶，如果你非常寂寞，希望每天下班回家時，有人會在家裡熱情歡迎你，那麼你就該選一隻狗。不要以為在鬧市公寓裡養狗是件殘忍的事，其實，狗的快樂大半要看你每天能花多少時間和牠在一起，以及牠是不是能常常陪你去辦事。牠不會在乎在你的書房門口等好幾個鐘頭，只要最後牠能陪你散十分鐘的步。對狗來講，你和牠之間的友誼就是一切，不過你得記住：養狗絕不是件容易的事，因為牠並不是你

的僕人，可以說不要就不要。遺棄一隻狗就等於殺了牠。還有一件事也得注意，如果你是個情感特別豐富的人，在養狗以前一定要有一點心理上的準備，因為你的朋友比你的命要短得多，十年或十五年之後，一場傷心的分手幾乎是免不了的。

如果考慮之後，你覺得狗太費事，那麼，另外有一些智力較低、在感情上對你的需求也不太強烈的動物，像燕八哥（starling）也可以養的——這大概是土生的鳥之中最容易養的一種了。從前有一個鳥的「知人」曾把牠們稱作是「窮人的狗」，這名詞實在是最貼切不過的了。燕八哥和狗在性格上有一點完全一樣，說明白一點：兩者的心都不能隨買隨得。一隻長成了的狗，即使你買到牠了，也不會真正變成你的狗，就好像有些有錢的男人、女人，把小孩子交給護理師、保母或家庭教師帶大，以後很少能把小孩子稱作是自己的一樣。因此，日復一日的親密關顧，才是使一隻燕八哥或是一隻狗傾心的主要關鍵。

你如果想養一隻這類的鳥，要牠喜歡你，你一定要親自餵牠，親自清理牠的巢。不過這種麻煩為時並不太久，因為，一隻燕八哥從破卵而出到長成獨立，通常只要二十四天的時間。如果你在幼鳥兩週大的時候把牠從母鳥那兒帶走，你真正需要照顧牠的時間頂多也只有兩週。在這期間，最麻煩的事也不過一天五次到六次用鉗子把食物搗碎，放進幼鳥貪婪的喉嚨裡，再用同一種工具把牠們另一端的排泄物清走。牠們的排泄物通常都有一層厚厚的皮裹住，清理起來非常方便，既不會弄得到處都是，而且你替牠準備的巢也老是乾乾淨淨的，用不著再換「尿布」。

牠們的巢做起來很容易：只需弄個小盒子，在角落裡鋪點乾草，將四周都封閉起來，然後在前面開一個你的手可以伸進去的小洞，這就和牠天然的巢很相像了。在這樣的搖籃裡，幼鳥總是朝著有亮光的地方排泄，因此，即使你一時不去清理，廢物也不會掉進牠們的「床」裡。

如果找不到天然的食物，生的肉或內臟、浸過牛奶的麵包、搗碎的蛋，都可以做代替物，有時加一點泥土進去，效果更好。如果你能找到蚯蚓或是新鮮的螞蟻蛋，就更理想了，因為這些東西和牠們天然的食物更相近。燕八哥只在幼年時期需要這種昂貴的食品，一旦牠能自己取食了，你就可以餵牠任何自己吃剩的東西。對於已經長成了的大鳥，最好用稍微有些潮溼的麥糠，加一點搗碎了的大麻或罌粟種子做為牠們的主食，因為這一類的食物能使牠們的排泄物乾燥而沒有氣味。只要在籠子的抽屜裡鋪一層泥煤，就可以解決問題了。

如果你覺得燕八哥太大，需要太多空間，我勸你養隻金雀（siskin）。這種小鳥只要有個很簡陋的籠子就可以對付了，牠們並不需要特別準備的食物，但是卻一樣可以跟你作伴。我所熟悉的小鳥裡面，這是唯一的一種在長成之後仍然可以被人養馴的，而且牠們對主人十分親熱。

當然，還有許多別的小鳥也可以養在家裡作伴，牠們會自動的棲息在主人的頭或肩上，從他的手中取食，一點也不害怕。拿知更鳥（robin）做例子，只要很短的時間，牠就可以跟你混熟。但是如果你學會把牠的心看得更透澈一點，不自作聰明的以為因為你愛牠，牠也必定愛你，你就會從牠那黑而神祕的眼睛裡看到，其實牠只對一個問題真正有興趣：「到底我什麼時候才有小蟲吃？」

金雀就不同了，這是一種靠吃種子為生的鳥，牠整天不停的吃，從不真正感到饑餓，因此並不像一般食蟲的鳥那麼熱中於攝取食物。你的手上如果有一條蚯蚓，在知更鳥看來真是個大大的誘惑；但是你如果抓一把大麻種子想引誘金雀，牠可不那麼容易上

夠。因此，一隻新近取得的知更鳥，很快就會從主人的手上取食，但是金雀卻需要很長的時間，常常得好幾個月才能養馴；不過等牠一旦回心轉意，牠就會自動的對主人表示親熱，而不是為了食物的緣故才和主人作伴。因此，對人而言，牠們這種「友誼式的馴服」，比起知更鳥高度物化了的「杯盤之愛」自然有意思得多，雖然兩者都是社會動物，知更鳥卻不像金雀能對主人生出依戀之情。

當然，還有許多別的社會動物也都能夠把牠們合群的天性轉移到人的身上，可以跟人生出極其親密的感情，像燕八哥、照覺鳥和蠟嘴雀（hawfinch）都是很好的例子；有些大的烏鴉、鸚鵡、鵝和鶴，甚至與狗不相上下。但是這些鳥都得從很小的時候就開始養起，只有金雀不在此列，連已經長大了的成鳥都可以養得馴。至於為什麼如此，就沒有人知道了。

有許多動物都能給人帶來極大的樂趣，使人忘懷照料牠們的麻煩，這裡面我已經提過的有魚、照覺鳥、燕八哥和金雀。我之所以先說牠們，是因為這幾樣最容易照料了。當然，要找和牠們同樣容易飼養、也容易買到的小東西並不是沒有，只是大多數動物的需求都比牠們多些。對於新手，我的勸告是最好先從這類易養的動物著手，不要去弄那些難纏而麻煩的東西。

我們說一種動物「易於照料」並不是說牠「耐苦」或是「有抵抗力」，這一點一定要弄清楚。收養一個活的東西，就科學上的意義來講，乃是使我們所俘獲的生物，在我們的眼前完成牠整個的生命程序。

有一些動物常常讓人誤認為「易養」，事實上，卻只是「較有抵抗力」而已。說得露骨一點，這一類的動物常常要經過一段很長的時期才死得掉。最好的例子就是希臘龜（Greek tortoise）了，就算在一般無知的老人的貧乏照料下，這個可憐的東西也要三年、四年，甚至五年的時間才能真正的、完全的、不可挽回的死掉。不過嚴格的說，牠從被俘的第一天開始，就已經步向死亡了。要在城裡養烏龜，使牠們生長繁衍，幾乎是不可能的事。我到現在還沒碰到一個人在我們這種氣候裡，成功的養好這種動物。

每當我走進一個喜歡花草的人家，看見所有的植物都欣欣向榮，我的心中立刻就會升起一股暖意，知道碰到了知音。我不能忍受自己房間裡有一株將死的植物，不管它死得多慢。茁壯的橡皮樹（gum-tree），油亮的喜林芋（philodendron），甚至那種人手一盆、最賤的蜘蛛抱蛋（aspidistra），只要長得健康，我就一見生情，引以為美；再可愛的植物，如杜鵑、如仙客來（cyclamen），只要委靡不振，沒有生長的消息，我就覺得整個房間都充滿了腐敗的氣息。因為，正像莎士比亞說的：「帶病的名花，不能與最賤的野草爭妍。」我也不贊成剪花插瓶，不過這種加速的死亡，據我看來，比起因為沒有得到妥善的照料而長時期的病態懨懨，似乎還容易忍受一點。

說到植物，也許有人會覺得我的這種想法太過火了，但是如果我說的是動物，相信每一個人都同意的。即使是一個對苦痛最不敏感的人，看到一隻動物死掉，也不由得心中戚戚。因此，我們只應選養那些能夠在我們給牠準備的天地裡正常生活的動物，這個道理實在太明顯了。

許多人到後來不願再養動物，多半由於從前選錯了對象。無論是誰，看到他心愛的金翅雀（goldfinch）死在籠中，都會懊惱萬分。這比一盆凋零的花在他心中留下的印象深刻多了，所以做主人的常常不能自遣，發誓以後再不養鳥了。可是，如果他養的不是金翅雀，而是燕八哥或金雀，也許十五年後，牠還在身邊。很少鳥像金翅雀這樣難養，會被無知的主人過多的愛殺死；牠們還需要大量含油的種子，如果我的手頭沒有足量的薊子和罌粟子，連我也不敢嘗試收養牠的。除了這些種子，

唯一可能代替的食品是搗碎了的大麻子——一定要搗得很碎，不然牠就沒法消化。很多商人對此一無所知，就算他們知道了，也不會跟顧客明說，免得做不成買賣。只有那些本身也是愛鳥人的商人，才會事先仔細的考問過買主之後，才肯把比較嬌貴難養的品種賣出。

我還有一句頗像老生常談的勸言：不要碰有病的動物。不管捉也好，買也好，都要挑健康的鳥，最好能先把幼鳥拿給懂鳥的人看看再決定。如果你想養得久一點，最好不要接受別人撿來給你的棄兒、或是虛弱有病的東西。凡是從巢裡掉出來的小鳥、從母親身邊走失了的幼鹿，以及其他種種偶然落到人的手裡的動物，牠們的身上不是已經帶了死亡的種子，就是已經虛弱得只有懂醫的人才救得回來。

不要在選購飼養物時吝惜時間和金錢，你所花費的心血絕對會加上百分之百的利息回饋給你。一旦你決定了想養什麼，就要堅持下去，別讓自己的意志被賣主動搖了。別聽信他瞎說什麼金翅雀和燕八哥一樣好養、一樣馴服。但是如果你真的遇到一隻真正馴順的動物，而且又是屬於合群的那一種，不管是鳥或哺乳動物，只要看得出來牠是讓人從小帶大的，或者已經被人收養了很長一段時期，那你就得趕緊把握良機。就算你得花四、五倍於原來買一隻野生動物的錢，也是值得的。

另外還有一件很重要的事，凡是住在城裡的工作者在選買家禽家畜之前，都要詳

加考慮：自己的作息和家禽的作息時間是否能夠配合。如果你天一亮就要上班，直到天黑才回家，又喜歡在週末出門，養一隻善歌的鳥大概不能給你什麼樂趣；因為你早上得抽出時間照料牠，而牠唱歌時你又不在。如果你養的是一隻馴服的小貓頭鷹，或一些夜間活動的小哺乳動物，情形就不同了，牠們能給你的空閒時間帶來無限的樂趣。

小的哺乳動物很少受到愛養動物的人注意，其實牠們是極好的伴兒，雖然說有些真正有趣的品種不大容易買到。除了家鼠和田鼠，只有天竺鼠可以在普通家畜店裡找到；但天竺鼠太馴了，老早已經習於家居，沒有什麼趣味。

最近有許多地方都在飼養一種新的齧齒動物，甚至店裡也有得賣了：這種金倉鼠（golden hamster），不論是誰，凡是覺得晚上無聊，又不想動腦筋做正經事，我都勸他養一隻。正如現在，我的旁邊就有六隻三週大的小金倉鼠正在互相角逐，牠們在籠子裡亂跑亂跳，肥胖的小身子糾纏在一起，彼此假意的撕咬，發出熱鬧的尖叫聲。我認為再沒有別的齧齒動物像金倉鼠一樣，能在遊戲中表現出這麼高的智慧了——幾乎和貓狗一樣會玩。房間裡有幾個這樣的小東西真是生意盎然，牠們不拘形跡的開心，以及表達快樂的方式，都是非常引人的。

我有時覺得金倉鼠大概是老天爺特別為了住在城裡的、可憐的動物愛好者而造的。做為常駐家中的寵物，金倉鼠真是太理想了——集一切優美之大成，卻完全沒有叫人討厭的習性。養馴了的金倉鼠從不咬人，至少不會比兔子或天竺鼠難養；雖然做母親的金倉鼠在巢的附近通常比較兇猛，要捉她得特別當心，但是你如果在離巢約一碼之遙的地方捉她，就一點事也沒有了。想想看，如果我們能在屋裡養隻松鼠做伴，而牠又不亂咬亂爬，在每樣東西上留下齒印，該是一件多麼美的事呀！金倉鼠就能這樣，牠很少爬上爬下，也不大咬東西，就算我們放牠在屋裡自由走動，也不會有什麼損壞。

此外，這個小東西乾淨極了，牠胖胖的腦袋、滴溜溜

亂轉的大眼，使牠看起來比實際上聰明很多。牠的金色、黑色和白色交織的皮衣，也非常多采多姿。說到牠的動作，更是滑稽：每當牠快快跑來，就好像有人推著牠似的，或者當牠突然站住，就好像地板上豎起的一根小柱子，耳朵豎起，眼睛突出，像煞有介事的察看著四周的危險……，都會引起一陣善意的大笑。

我的房間中央靠近寫字檯的大桌子上，就有一個養殖金倉鼠的小槽。金倉鼠很規律的按時產下小金倉鼠，一等幼鼠長大，我就把牠們移到較大的盒子裡。現在我的書房裡幾乎都裝不下了，做母親的金倉鼠以及剛生下的子女總是住在養鼠槽裡。

也許養慣了奇珍異獸的人，會笑我對這種五歲小孩都能照料的賤物過於熱心，簡直是「小題大作」；但是，對一個研究動物行為的學生而言，一種動物值不值錢、難不難養，應該是不關緊要的，他不應該學有些養鳥、養魚的人，專門挑選罕見而難養的品種，他的興趣應該是看他所觀察的東西有多少「可觀性」而決定的。依我看來，謙遜的金倉鼠在這方面比許多名貴而難養的「奇珍」要強得多，因此，雖然我所蒐集的活物裡面，最難得、最名貴的山雀就在金倉鼠槽後不遠的鳥舍裡孵卵，我觀察金倉鼠的時間卻多得多。

其實，只要我願意，我有辦法可以叫嬌生慣養的動物一樣的在我面前孳生不息。凡是在室內的鳥舍裡養過山雀，或者做過類似難事的人，都能體會為什麼我會對單純的金倉鼠這麼著迷。不過就算他懂得，我猜他也不肯做這樣的傻事。

當然，過去有許多馴養動物的專家，因為喜歡克服困難，有時會特地去找一兩樣古怪難弄的品種來養。像這樣的嘗試雖說頗有實驗的價值，但是完全沒有經驗的新手就不該這樣做了。同樣的嘗試很容易就鑄成大錯，對無辜的動物而言，實在太殘酷了。

我覺得一個人要養奇珍異獸，一定要有科學上必須如此的理由，如果只為了誇口、好玩，隨便糟蹋生命，在道義上講，實在說不過去。就算是最有經驗的動物馴養師，在收養一個敏感的生物之前，也要牢牢記住，不論是成文法還是不成文法，都規定我們善待被俘的動物，不使牠們身體或心靈上的需要有所欠缺。

在我們初見一個美麗迷人的新種之時，往往

會一時興起的輕負起收養牠的責任，等我們真正意識到責任的嚴重性時，早已不能脫身了。有一次，我曾經在我們玻璃圍住的走廊內，一個大理石鋪底的小池子裡養過兩隻一歲大的鷿鷈（dabchick）。這是一種小型的潛水鳥，行為十分有趣，使人觀之忘倦。牠們的體形因為演化的關係變得非常特別，只適合在水裡居住，一到乾地上，就變得非常笨拙，只能一步一步的走。通常，除了需要爬進漂浮在水面上的巢裡，牠們幾乎從不離水；也就是為了這個原因，牠們在小池裡過得非常滿足，很容易就安頓下來了。雖然池塘的四周並沒有欄杆，牠們也不想飛走。

自從有牠們住在池裡，我的整個屋子都生色不少。可惜的是這種迷人的水鳥，卻有一個非常麻煩的癖性：牠們只吃長不過二英寸、短不過一英寸的活魚。雖然除了主食之外，牠們還需要一點碾碎的蚯蚓肉和綠色的蔬菜；但這些卻不能代替主食，只要有半天的功夫找不到活魚，牠就要挨餓了。雖然我特地在閣樓替牠們裝置了一個大魚缸，時時換上新鮮的水，以便養魚，而且費用在當時也不是問題，我卻不斷的為了替牠們張羅食物而傷透腦筋。

那年冬天，我不只一次氣急敗壞的從一家店趕到另一家店裡，為牠們張羅食物。附近的池塘也幾乎走遍了，只要可能有小魚的地方，再厚的冰我也得想法子去敲開來。因為這對鷿鷈只要有一天「食無魚」，就活不下去了。我雖然捨不得和這對袖珍

型的「天鵝」分手，當牠們在一個美麗的夏天真的從窗口跳走之後，我卻禁不住大大鬆了口氣。

房間裡如果有一隻因羞怯而亂飛的鳥，實在是一件頗為惱人的事。拿鶸鳥（chaffinch）做例子，牠的確又可愛又善歌。你把牠弄進屋裡，也許為了想在牠唱歌的時候看到牠，就把前一個主人在籠子上罩的一層布拿掉了。牠好像一點也沒注意到，仍然繼續不斷的唱著——這是因為你仍然站在籠子前面不動的關係。

你且移動一下看吧！如果你的動作緩慢而小心，後果還不太嚴重，不然，牠立刻驚懼失措的朝籠齒上亂撞，使你不得不替牠的羽毛和性命擔起心來。也許你會以為等牠在你屋裡過慣了，牠就不會這麼不安靜了。這下子你又錯了，我到現在只知道極少數的鶸鳥，是不怕人在牠的籠子附近走動的。所以想想看你的麻煩吧！

自此以後，一週又一週，你在房裡始終得小心翼翼的，不能隨便喘喘大氣兒，也不敢搬動桌椅。只要一點不小心，這個笨傢伙就會把牠頭上才換了的冠毛撞折掉；就算你只輕輕移動一下身子，也會心驚肉跳的瞄一眼鳥籠子，生怕又聽到牠翅膀亂動的聲音。

許多候鳥到了群遷的時候也會在晚上鼓動翅膀，即使籠子的頂部是用柔軟的材料做成的，不怕牠們碰破皮毛，這種聲音在晚上聽起來還是非常擾人。牠們所以這樣騷動不寧，固然是受到遷徙的慾望所驅使，但是這種影響並不是直接的。一般說來，這一類的鳥在夜裡特別容易驚醒，因為睡不著想動，再加上在暗中什麼也看不見，所以很容易就瞎撞到籠齒上了。唯一的解決辦法就是在籠內裝一個小小的電燈，不用太亮，只要牠能看得見籠齒和棲木就行了；這個法子不但幫助我得回了夜晚的安寧，同時更能使我加倍的欣賞這些婉轉善吟的歌手。

我還要奉勸所有未來的護「鳥」使者，不要太低估了鳥的叫聲：往往在外面聽起來珠圓玉潤、甜蜜無比的歌聲，在屋內卻成了尖叫。譬如，你若有一隻公的黑鸝（blackbird）在房間裡唱歌，窗子上的玻璃定會震動，桌子上的茶杯也會跳起舞來。一般的囀鳥（warbler，鶯）和大多數的鸞鳥（finch，雀）在室內的聲音都不算太大，但是鶲鳥在鸞類可算例外，牠的歌是由一節節顫音組成的，牠喜歡一遍又一遍的唱著，有時候可以把人煩死。總之，凡是比較神經質的人，都應避免養那些只會一成不

變的用單音唱歌的鳥。我簡直不能想像有人會為了想聽鵪鶉（quail）的叫聲而特地把牠養在家裡的。你要知道牠怎麼唱歌，只需把「皮克・柏・衛克」連寫三頁就得了；雖然牠的歌聲在戶外聽來相當悅耳，在屋內，卻像壞了的留聲機唱片，老在一個地方打轉。

不過，最叫人喪氣的事還是看到一隻動物受苦卻無能為力。就算不提道德上的理由，僅僅只為了這個原因，也該選購那些較易保持健康的動物。家裡有隻害了肺病的鸚鵡，就像有個將死的親人一樣，整個屋子都死氣沉沉的。萬一你費了許多心力，仍然治不好一隻久病的動物，最好的辦法就是讓牠無痛死亡。這種慈悲之舉可算是動物才有的特權了，人在同樣的情形下，是享受不到的。

我們可以從一種生物對於痛苦的敏感程度，特別是對精神上的痛苦的敏感程度，看出牠的發展情形。比較愚笨的動物，像夜鶯、像某些小的齧齒類，在受到關閉的時候，所感到的苦惱遠不及渡鴉、鸚鵡或貓鼬（mongoose）。至於狐猿和猴子就更不用提了。如果我們想對牠們仁慈一些，最好是有時能放牠們出來自由活動一下，雖然初見之下，這種偶然的解放對牠們的生活並沒有多大幫助，事實上，牠們心理的健康卻因此而得到不可估計的益處。一個偶爾能從籠裡出來玩玩的動物，就和一個經常忙碌、間或得閒的工人一樣，牠的生活和一個終身受到監禁的囚犯相比，是不可同日而語的。

但是，讓牠們自由，難道這些野東西不會馬上逃走嗎？事實是：愈是苦於牢籠生活的聰明傢伙，愈是不會逃走。除了最低等的生物，所有的動物都受習慣所羈絆，常常會不惜一切代價以維持牠們原已習慣了的生活方式。所以，凡是受過長期禁錮而突然得到解放的動物，只要牠回得去，牠是很願意再進籠子的。

大多數籠裡養的小型家禽都太笨，根本沒有空間觀念。只有少數的燕雀類，像麻雀、灰沙燕（sand martin），才有足夠的智慧，能夠從門窗進出，這大概是少數我們可以偶爾放牠自由的。不過，我們一定得記住，這些養馴了的小鳥，因為對什麼都不懷疑，在自由飛翔的時候，比那些在荒野中長大的同類，更容易遇險。

我們過去所以會有這種謬誤的觀念，以為一隻養馴了的貓鼬、狐狸或猴子，一旦得到解放，一定會為了重新得回「寶貴的自由」而奮鬥到底，乃是因為我們把人的想法誤植到動物身上的緣故。其實牠根本不想走開，牠只想出籠。真正的麻煩是，怎樣使你自己的日常工作以及你星期天晚上的安寧不受牠們的擾亂。在精力充沛的動物和比牠們的精力還充沛的孩子環繞之下工作，我算已有多年的經驗了；但是，每當一隻渡鴉過來把我的稿紙銜走，或者一隻燕八哥用翅膀把我桌子上堆的紙頭搧得滿地都是，或者有隻猴子在我背後弄鬼，我得隨時準備聽牠摜破東西的巨響時，我還是會忍不住覺得惱火。

因此，每逢我在桌子前面坐定準備寫作的時候，我總是命令方舟上的每一分子各就各位，而那些具有較高智慧、能夠享受自由的快樂生物，同時也是最能接受命令的（只有貓鼬除外，牠總是想盡方法，不肯回籠）。不過，對這些聽話的動物發號施令並不是一件容易的事，每次看見牠們在一聲號令之下或爬或飛的乖乖回籠，都會使我後悔得想把牠們再喚出來。但這從教育的觀點看來，出爾反爾，自然不足為訓。

我常常覺得，看到這些可憐的東西，爬在籠子或地上，無聊得要死，好像比放牠們出來自由活動還要使人心神不寧。這種情形很像你讓你們的小女兒留在書房裡，卻又不許她搗亂、說話一般，她一肚子的為難都寫在臉上，一副想要發問，又強行忍住的模樣。甜是甜到了頂點，可是卻比一大群燕八哥、渡鴉和猴子還要難纏，這更要使你定不下心來做事！

我從前有隻阿爾薩斯種的母狗「甜豆」（Tito），她最曉得怎麼使我受苦了。她是那種過分忠實型的狗，完全沒有自己的生活，主人就是她的一切。不管我在桌子旁邊坐多少個鐘頭，她總是耐心的躺在我的腳邊。而且她機靈得很，對我有所祈求的時候，從不出聲抱怨，也從不弄出什麼動作來吸引我的注意，她只是愣愣的望著我——這樣就夠了，那一對畫著大大的問號，寫著：「你到底什麼時候才帶我出去？」的琥珀色大眼，就像是良心的吶喊，連最厚的牆也穿得過。即使我把她趕出房門，我知道她還是會站在前門外，

用她那對琥珀色的大眼，愕愕的望著我書房的門把。

剛才我把這一章重讀了一遍，特別是最後幾頁，我發現自己把收養動物不好的一面過分加重了，也許我已把你說得根本不敢對這件事問津了。可千萬別把我的意思弄錯，如果你覺得我把那種動物不該養的問題強調得太過分，我這樣做的緣故也是怕你選錯了對象。因為初次嘗試失敗，受到緊張和氣餒的煎熬，就把這個最可愛、最有價值、最有教育性的嗜好輕易放棄了。

我一向認為盡量喚醒人們對神奇的大自然有更深一層的了解，是一件非常重要的事，而且極希望能夠得到大家的支持。如果有這麼一個人，他不但耐心的讀完了這幾章，而且被我騙得心甘情願的去養了一缸魚，買了一對金倉鼠，那麼我就算得到一個真實信徒了，我的這番苦心也就算沒有白費了。

第八章

動物的語言

學習每一種鳥的語言，
記住牠們的名字，
知道牠們的祕密，
那麼，無論你什麼時候碰到他們，
都可以和牠們談一會兒天、說一會兒地。

——朗費羅（Henry W. Longfellow, 1807–1882，美國詩人）

在動物的世界裡，並沒有所謂真正的語言。不過有些比較高等的脊椎動物，尤其是習於群居的那一類，都有一些與生俱來的動作和聲音，可以用來表達感情。同時，無論是誰，一旦看到或聽到同類在發出某種信號之後，都會自然而然的生出適當的反應。

有幾種非常合群的鳥，像穴烏、像雁鵝，都有一套固定而複雜的信號，即使是過去沒有類似經驗的幼鳥，也能一目瞭然，洞悉無遺。牠們因為互相感應而生的社會行為是這樣的調和一致，旁觀的人常常會誤以為這些鳥是在用自己的「語言」說話。嚴格的說，這種生來便會的動作和聲音，與我們人的社會所用的必須學而後知的語言文字相比，自然是大相逕庭。而且，由於牠們這種認識信號、互相感應的能力，就和身體裡其他的種種特徵一樣，完全是遺傳得來的，所以，只要是同類，都會有相同的秉賦。

這道理雖然再明顯不過，我在第一次聽到俄國北部的穴烏用的方言，竟和我們艾頓堡的鳥兒一樣的時候，仍不免感到驚奇。總之，只要我們細心的觀察一下，就會發現動物的叫聲和人的語言頂多也只是表面相同而已。尤其當我們發現在動物的世界裡，無論牠們的聲音動作都是感情的自然流露，完全無意影響他人的時候，兩者之間的差異就更昭然若揭了。這個事實證明起來很容易：凡是在隔離的環境下單獨養大的雁鵝或穴烏，一旦「有所感」，不管旁邊有沒有同類，一定也會「有所發」。所以，我們可以很明白的看出來，牠們的種種表情和信號，不過都是機械化的直射反應，與我們所使用的語言文字完全不同。

其實，人的行為裡也有一些情不自禁的動作，可以把心裡的感覺透露無遺，就是你想瞞也瞞不住的！最普通的例子就是打呵欠。只是這個擬情動作，不但有聲而且有色，所以與座的人可以一目瞭然。

一般說來，情緒的表達，並不老是有什麼明顯露骨的信號；正好相反，絕大多數的擬情動作都細微得很難讓人察覺出來。主持收發信號、表達情緒的神祕器官簡直太老了，比人類的歷史久得多；不過人類自從有了語言之後，許多細緻的擬情動作就用不著了，這方面的機能也就愈來愈退化。穴烏和狗可不同，牠們如果想知道同伴的下一個動作是什麼，非要懂得「察顏觀色」不可，因此之故，比較高等的社會動物在表情會意上的能耐，比人高明得多。

不過動物的擬情動作，像穴烏的「起呀」和「起哦」兩種叫聲，並不能和我們所用的語言相提並論，就像我們打呵欠、皺眉、微笑一樣，行之者無意，受之者不待解釋就可了然於心。在動物的世界裡，牠們所說的「話」，用的「字眼」都不過是嘆詞而已。

雖然人也有種種不同等級的、下意識的擬情動作，但是就算是最有表演天才的坎茲（Josef Kainz）和傑寧斯（Emil Jannings）也不能像雁鵝一樣，只用一點細緻的表情，就能叫你明白牠是要走還是要飛；也不能像穴烏一樣，根本看不出有什麼動作，就能叫同伴知道牠是想回家，還是想遠走高飛。

動物不但比人會表情，還比人會觀色，牠們能對極其細微的表情生反應。有時，連明眼人都察覺不到的信號，到了牠們的眼裡卻成了極為明白的指示，能夠完全領會無誤。牠們在這一方面的能耐，實在是教人難以置信呢！譬如，現在有一群穴烏正在地上覓食，其中一隻忽然飛了起來，如果牠是要到面前的蘋果樹上剔毛，那麼其他的鳥根本就看都不看牠一眼；但是如果牠是想飛到很遠的地方去，別的鳥就會立即隨著牠動身，牠在這隊中的地位愈高，跟從牠的鳥也就愈多。怪的是在牠起飛的時候，牠並沒有發出「起呀」的叫聲。從人的眼光看來，牠在兩種情形下的初步動作完全一樣，其他的鳥怎麼知道牠是要剔毛還是要遠行呢？

在這種情形下，一個對穴烏的習性動作領會頗深的人，也許能從牠起飛時的某一個小動作猜到（也許不及牠的同類來得準確）到底牠打算飛多遠。一個好的觀察者在某些方面，像了解某一種特殊的動物並推知牠的意向上，有時不但能趕上牠的同類，甚至有過之而無不及；但是在別的方面，人還是很難和牠們一爭長短的。

拿狗來說，牠們收發信號的器官比人相當的器官功能要強得多。每一個懂狗的人都知道，一隻忠實的狗在推斷主人的意向時，簡直是神乎其技。無論主人是出門辦一件與牠無關的事，還是要出去散步，牠都能未卜先知。有些狗的本事還要大，我的阿爾薩斯種的母狗甜豆（她是我現任狗高祖的高祖），大概懂得心電感應的方法，每次都能猜到什麼時候，哪些人惹我討厭。牠總是自作主張朝他們的屁股一口咬住——準得很，無論是誰都沒法把她拉開。萬一有一位老先生，在和我討論問題時，倚老賣老的擺出一副「你不過是個後生小子，懂得什麼？」的姿態，那就更危險了，他的教訓還沒出口，手已伸到甜豆剛動過口的地方去了。

我最不懂的：有時甜豆就趴在桌子底下，四周都是人，她根本看不到我們的臉部表情，可是她的反應卻沒有錯過一次，這是什麼道理呢？她怎麼知道我在對誰說話，和誰爭辯呢？

狗所以能把主人的情緒摸得一清二楚，自然並不真是因為心電感應的關係。許多動物都有察人之所不察、見人之所未見的本事，而狗呢？牠的整個心力都用來伺候主人，主人的話聽到牠的耳裡，都成了聖旨，自然更把這種本事發揮得淋漓盡致了。

馬在這方面的能耐也不差。所以，如果我在這裡談談某些因玩把戲而出大名的動物，還不能算是不切題。

記得從前曾經出過好幾隻會做算術、能開平方根的「才」馬，還出過一隻奇犬「儒夫」（Rolf），這是一隻萬

能㹴（Airedale terrier），本事大到會寫遺囑。

所有這些能算、能說、能想的動物，都是利用叫聲或敲擊聲來表示牠們的意思，就像電碼一樣，這些叫聲、敲擊聲都已先定好了意思的。第一次看到牠們表演，真會叫人大吃一驚。

如果你不信，就會有人請你親自去試，於是你就站在這隻馬、或狗、或是別的什麼東西面前，你開始發問了：「二的二倍是多少？」這隻㹴犬牢牢的打量了你一眼，然後就叫了四聲；如果是匹馬，就更奇了，牠甚至連看都不用看你一眼。你可以從狗解答問題的樣子看出來，牠的注意力其實是集中在考官的身上，對於問題根本不在意。但是馬的視覺是很好的，牠根本用不著看你，甚至連眼都不用斜，就能感覺到你最細微的一動。所以說穿了，其實是你在幫這些會「想」的動物作弊。如果考官自己也不曉得正確的答案，這隻可憐的動物就什麼能耐都使不出來了，牠會或叫、或敲的一直踢騰到你叫牠停止為止。就算是最有自制力的人，在聽到正確的答案之時，也會不自覺的發出極其微妙的信號，牠們一旦接到這種暗示，馬上就會把自己的動作打住。但若是考官也不知道答案，牠們就只好一直叫下去了。

所以回答問題的其實是人，那班「才」馬、「奇」犬不過偷到了答案而已。我有個同事，有次用了個很妙的法子把這個事實證明出來了。那時有位老小姐，養了一隻臘腸犬（dachshund），真是遠近馳名，不但會認字，還會做算術。我的朋友想了個法子，把每一個試題錯的答案暗示給狗的主人：他做了許多卡片，每一張卡片的正面都用很大的字寫下一個簡單的問題；這些卡片都是用許多張薄而透明的紙糊起來的，快糊到背面的時候，他又寫下另一個問題。所以等卡片做成了，從背面可以隱約看到一個與正面的問題完全無關的假問題，這是他埋伏好的機關準備去騙狗的主人。每次他把卡片拿給狗看，同時要牠選擇答案的時候，狗的主人不免從後面看到那個假問題，然後不自覺的將答案傳給狗，因此狗每次都選錯。可憐這位老小姐還在夢中，全想不出為什麼這隻狗忽然變笨了，一題都答不出。

在考試結束之前，我的朋友又出了另一個題目，這個問題和前面不同，是狗能回答而人不能的：牠拿了一塊母狗在交配期睡過的破布，放在這隻臘腸犬面前，牠馬上興奮起來了，一面搖尾巴，一面從鼻子裡發出哀懇的聲音。不但這隻狗知道自己嗅到了什麼，凡是懂狗的人都能從牠的動作猜出那塊破布的氣味是什麼。但是這位老小姐卻不知道，等回答問題做選擇的時候，這隻狗很快的把主人的答案譯出來了——乳酪！

再細緻的表情、再不起眼的動作，許多敏感的動物都有辦法偵知。像我前面舉過的例子，說到聰明的狗能夠揣摩到牠主人對另一個人的好惡之情，牠們的這種本事是很了不起的。所以，有些天真的觀察者，犯了以人之心度動物之腹的毛病，誤以為牠們既然能猜出我們的心裡面沒有說出口的想法，一定也能了解主人說出口的每一個字了。本來也是，一隻聰明的狗原可學會許多字眼，但是，我們不要把最重要的一點忘了：動物之所以能了解最細緻的表情和動作，就是因為牠們沒有語言啊！

沒有一種動物會刻意的用語言去影響牠們的同類，使對方做出某種特定的行為。所有本能的、自然流露的表情和動作，都只是「發出信號者」的有感而發罷了。如果你的狗一再的用鼻子擠你，一面哼，一面跑到門口抓門，或者把爪子放到水龍頭下面的

水盆裡，一面若有所求的望著你……這種種動作，和穴烏或雁鵝的叫聲相比，不管後者的叫聲多麼清晰、意義多麼明白、與當時的情景多麼相符，還是要以狗的動作更為接近人的語言呢！

狗在做前面兩個動作的時候，牠是想要你開門、開水龍頭，牠有一個特別的動機，目的是在影響你，假使你不在的話，牠就不做這些動作了。但是穴烏或雁鵝，牠們的「起呀」和「起哦」以及其他警敵的叫聲，都是情不自禁的，完全是內在情緒的一種不自覺的表現。一旦有某種情緒浸染到牠，不管旁邊有沒有同伴，你在不在，牠都會發出一定的、和當時情緒相合的聲音。

而且，狗所做的兩個動作並不是天生就會的，不但要自己費心去學，同時還要有相當的悟力。每一隻狗都有不同的辦法，可以使主人了解牠的意思，甚至有時還會隨情勢應變呢！

我的母狗「使大喜」（Stasie，她是我現在養的狗的曾祖母），有次不知吃了什麼反胃的東西，晚上想出去。那天剛好碰到我白天工作過度，晚上睡得特別熟，所以她雖然用了平常慣用的法子想要叫醒我，卻是一點效果也沒有。她愈用鼻子頂我，愈是哼得起勁，我反而愈是往被子裡鑽。後來她實在沒有辦法了，就做了一件她平時絕不敢做的事——她跳到床上，把我從被子裡「掘」了出來，又一把把我推到地上。像這種因時制宜的舉動，是鳥類的「字彙」裡絕對找不到的，牠們永遠不會把你從被窩裡拖出來。

鸚鵡和烏鴉還有一樣本事，使得語言的意義更為混淆：牠們會學舌，曉得模仿人「說話」。雖然間或有某些鳥能夠把聲音和某種經驗聯繫起來，但是大體說來，這一類的模仿仍然只是一種聲音的重複而已，像喜歡在柳樹上做窩的囀鳥、伯勞（shrike）和許多別的歌鳥，都非常善於此道。

所謂學舌，乃是一種聲音的模仿，是鳥在唱歌的時候所發出的；這些模仿而得的聲音自然不是生來就會，對鳥而言，也沒有意義，與牠們原有的與生俱來的「字彙」一點關係都沒有。像燕八哥、喜鵲以及穴鳥都屬於這一類，不但有一套生來就熟悉的信號，還會學舌，不但會學鳥叫聲，還會學人說話。

不過烏鴉和鸚鵡，又有一點不一樣，雖然牠們的學舌也和小鳥一樣沒有目的，卻近於智力較高的動物的一種遊戲。對牠們而言，學話和唱歌根本是兩回事。而且有時候，牠們所發出的聲音和某種思想有一定的聯繫，這也是不容置疑的。

許多灰鸚鵡，還有許多別的同屬的鳥，都會在適當的時候說「早安」。我的老友科勒（Otto Koehler）教授從前養過一隻灰鸚鵡，牠因為有剔毛的壞習慣，所以身上的毛都掉光了。每次我們一喊「乖兒（Geier）！」牠就會答應。「Geier」在德文的意思是兀鷹（vulture）。這隻鳥雖然貌不驚人，卻頗有一點鬼才，無論是早安、晚安，牠都能說得恰如其時。而且，每次有客人站起來要走時，牠就會用一種仁慈的低音說道：「Na, auf Wiedersehen!」意思是「好吧，再見了。」但是牠只有在客人真要離開的時候才說這句話。

就像一隻會「想」的狗一樣，牠對某些情不自禁、最最細緻的信號敏感極了，至於這些信號是什麼，我們始終找不出來。我有幾次假意要走，想從牠那兒騙出這句話來，卻沒有一次成功。但是客人如果真正要走，不管他走得多麼不起眼，就像跟人開玩笑一樣，很快的這句話就來了：「Na, auf Wiedersehen!」

有名的柏林禽鳥學家馮・魯堪納斯（Oberst von Lukanus），也養過一隻灰鸚鵡，這隻鸚鵡卻是因為記性好而出名的。馮・魯堪納斯另外還養了許多鳥，其中有一隻戴勝（hoopoe）名叫「活不享」（Höpfchen）。那隻記性好的灰鸚鵡很快就學會了「活不享」這個字。不幸的是，戴勝鳥在被俘後總是活不長，所以沒有多久就死掉了。但是鸚鵡的壽命是很長的，自從活不享去世之後，這隻灰鸚鵡就好像完全把牠的名字忘了——至少，牠從此之後，再也沒有說過這個字。

九年之後，馮・魯堪納斯又買了一隻戴勝，這隻灰鸚鵡一眼看到牠，立刻就說「活不享！」以後又一再的重複：「活不享！活不享！」

一般說來，這些鳥學習新的字眼很慢，可是一旦學會，卻又很難忘掉。凡是教過燕八哥或鸚鵡的人都知道為了達到這個目的，要費多少苦心，一遍又一遍的重複一個字。不過這類鳥也有在非常的情形下只學一兩遍就會的例子，這自然要在牠極端興奮的情形下才會發生，我只看過兩個例子。

我的弟弟從前有過一隻馴良而活潑的亞馬遜鸚鵡，牠的胸前羽衣是藍色的，名字叫「巴巴蓋羅」（Papagallo），非常會說話，我弟弟養了牠好幾年了。當他們住在艾頓堡時，巴巴蓋羅就和那兒其他的鳥一樣，可以隨心所欲到處飛翔。一隻在林子裡穿來穿去、同時能言善道會說人話的鸚鵡，比關在籠內會做同樣事情的鳥兒自然有趣

得多。每當巴巴蓋羅急急的穿過一片野地，大聲叫著：「先生在哪兒?先生在哪兒？」認真的要找牠的主人時，看到的人都會忍俊不禁。

比這件事更滑稽的還有呢！巴巴蓋羅雖說天不怕地不怕，只一樁，看不得掃煙囪的工人。一般說來，鳥類都怕高高在上的東西，這是有原因的：凡是靠捕食其他鳥類為生的猛禽在行獵時，總是自高而下用迅雷不及掩耳的手段攫奪而去。因此，大多數的鳥類生來就帶有這種恐懼，任何東西只要高高的掛在天上，在牠們的眼裡，就成了要命的「閻羅」。

這天，巴巴蓋羅正在屋頂上，這個全身著黑、凶神惡煞一般的人就來了。當他站在煙囪的出口處時，全身的輪廓就像刻在空中似的，巴巴蓋羅立刻發出一聲大喊，沒命也似的飛走了。牠嚇得這樣厲害，有一會兒，我們以為牠再也不敢回家了。又過了幾個月，掃煙囪的工人再來的時候，巴巴蓋羅正坐在風信雞的旁邊，和那些穴烏吵嘴、爭地盤。突然之間，我看見牠把身子拉得長長的，焦急的看著林子裡的大路，然後就迫不及待的飛走了，一面還大聲的、一遍又一遍的叫著：「掃煙囪的來了，掃煙囪的來了。」不到一分鐘，這個全身煤黑的人已經走進了我家的大門。

可惜，我並不知道巴巴蓋羅一共見過他幾次，也不知道牠聽過幾遍廚娘的喊聲，只知道牠這句話的確是從這位太太的嘴裡學到的，因為調子，聲音都和她一般無二。不過牠聽到的機會頂多不會超過三次，而且每一次之間還有好幾個月的間隔。

我所知道的第二個例子發生在一隻戴冠烏鴉（hooded crow）的身上。這次也一樣，故事的主角在非常的情勢下，只聽過一兩遍就把一整個句子記住了。這隻烏鴉名叫「漢子」（Hansl），牠在語言方面的天才可以和任何一隻飽學的鸚鵡媲美。

漢子的主人是鄰村的一個鐵路工人，大概他非常會養鳥，漢子給他料理得羽毛光鮮，壯健非常。我常常看見牠四處玩耍，總是活蹦亂跳的，好像在為牠的主人做懂得養鳥的活廣告。一般人往往誤會烏鴉很容易養，其實正好相反，大多數被俘的烏鴉，在貧乏的照料下，都變成發育不全、半帶殘疾的呆物。

一天，有幾個村童忽然帶給我一隻全身是泥的烏鴉，牠的翅膀和尾羽都已被人剪得殘缺不全。我認了好久，才發現這個可憐的傢伙原來就是英俊漂亮的漢子。不過我還是把牠買下來了，我這樣做的原因，一方面固然是出於同情心，一方面也是因為在這些走失的動物裡面，有時會碰到一兩隻真正有趣的活物，這天買到的漢子顯然就是了。我立刻打電話通知牠的主人，他說這隻鳥走失了好幾天了，又託我把牠養到下次換毛時再還給他。因此，我就把牠養在雞窩裡，每天餵牠濃縮過的食品，這樣，等牠下次換毛時，就會長出新的翅膀和尾羽。

在這段期間，為了養病的關係，牠始終住在籠裡。我因此得有機會時時聽到牠自說自話，發現牠在語言方面的才氣真是驚人。自然牠說的都是些村居閒話，什麼樣的口音都有，其中最主要的幾句顯然是牠坐在路旁的大樹上聽來的，也就是那些鄉下小孩對牠說過的話。只聽漢子以純正的下奧地利口音一字不漏的複誦著：「快點，快點，咱們去瞧瞧，牠在那裡！走吧，費德，快過來瞧，牠在那裡！」之類的話。

後來，牠的羽毛竟然長復原了，一等牠會飛，我就把牠放走，牠馬上回到鄰村牠從前的主人那裡。不過還是常常回艾頓堡來作客，我們也很歡迎牠。有一次，牠又一連失蹤了好幾個星期，等牠再回來的時候，我發現牠的一根腳趾有斷後再長合的現象，而且接頭的地方還有些扭曲。至於牠怎樣遭到這個意外，我們馬上就知道了——信不信由你，其中經過竟是漢子自己說出的。因為這次牠再出現的時候，已經又學會了一個新的句子，口氣活像一個真正的頑童，用的還是下奧地利方言。如果把它換成我們常用的白話，聽起來就像：「哈哈，果然著了你少爺的道兒！」這句話的真實性自然毫無疑問，就和巴巴蓋羅的情形一樣，雖然牠並沒有聽過幾遍，卻已深印腦中了。因為牠是在一種極端危懼的情況下學來的，從這句話可以猜知牠被捕的經過；至於牠後來怎樣逃出，可惜牠就沒有說了。

在這種情形下，那些感情用事的動物之友，以為這些生物具有人的智慧，常常會發誓說他養的鳥懂得他說的每一句話。這自然與事實不符。即使是最聰明最會說話的鳥，像我前面舉的例子，能把某些聲言和特別事件連貫起來，也不懂利用自己的本事，以求達到某種實際的目的。

科勒教授可算是訓練動物的能手了，他曾經教成功一隻鴿子數數，一直可以數到六；但是當他想把前面說過的那隻才鳥乖兒，教得會在餓時說「食」，渴時說「水」時，卻白費了許多氣力，一無所獲呢！

這件事到現在還沒有人做成功過，不是很奇怪嗎？因為我們知道這類鳥能夠把聲音和某些事件聯繫起來，那麼照理想，牠不是應該也會把聲音和目的聯繫起來嗎？但是牠卻偏偏不會這麼做。而且我們還知道，如果是別的動作，一般的動物學了都會用來達到某種目的呢！有時為了影響主人，就連最稀奇古怪的舉動，牠們也學得會。

馮．弗里希（Karl von Frisch）教授養了一隻巴西產的長尾鸚鵡（parakeet），就學會了一個非常荒唐的習慣。因為害怕這隻鳥會把他的家具弄髒，這位科學家每次非要親眼看見牠清除過腸胃之後，才肯放牠出籠。這隻長尾小鸚鵡很快就懂得把這幾樁事連在一起了。因為牠時時都想出籠，每次只要教授先生一走近牠的籠子，牠就用盡氣力擠出一點東西來；就算牠肚內空空如也，什麼也拉不出來，牠也不肯放棄機會。看到牠那種用勁使力、不達目的不甘休的樣子，很少有人能忍得下心不讓這個可憐東西馬上出來的。

但是，比這隻小鸚鵡聰明得多的乖兒，卻學不會把聲音跟目的聯繫起來，在餓時說「食」，在渴時說「水」。鳥的鳴管和腦子雖然複雜到能夠把學到的聲音與某種思想連在一起，卻不會把模仿而得的本事，用在有利於物種生存的目的上。我實在想不出牠們的這種才能是幹什麼的！

我只見過一隻鳥能夠在牠想要某種東西的時候，用牠學來的字眼表示牠的意思，能夠把聲音和目的聯繫起來。我之前不是說過渡鴉在所有的鳥裡面，靈性算是最高的嗎？我這句話並不是隨便說的。渡鴉有一種與生俱來的特別鳴聲，與穴鳥的「起呀」意思相當，發聲的鳥利用這種鳴聲邀請其他的鳥和牠同飛。渡鴉的這種鳴聲是從喉嚨深處「吼」出來的，不但嘹亮，而且有金屬之聲——「克娃克娃克娃克」。

如果現在有一隻鳥想要另一隻在地上歇息的同伴和牠一起飛走，牠就會做出一種特別的姿態，和穴烏的動作完全相同（我之後還會細述）：牠會故意打牠同伴的後上方一搶而過，就在擦過牠的一剎那，牠會將收斂的尾羽輕俏的一帶，同時喊出一聲尖銳無比的「克娃克娃克娃克」，真正是石破天驚、山搖地動。

我的渡鴉「若啞」（Roah）在長成之後仍然和我十分要好。只要牠沒有別的事，總會自動陪我玩耍。我們常在一起散步、滑雪，甚至在多瑙河上乘艇兜風。不過後來牠年紀大了，漸漸怕見生人，尤其是牠從前受過驚嚇、遭到意外的地方，更是避之唯恐不及，牠不但不願陪我去，也不願見我在「險地」上逗留。因此，就像老穴烏在喚頑皮的孩子回巢時所用的方法一般，若啞總是從我的後方趕過我，在牠飛近我的頭頂時，靈活的翹一翹尾，一面高飛，一面回頭來看我有沒有跟著牠。

除了這一整套動作（我再重提一遍，這一整套動作都是與生俱來的），牠卻不用牠自己的鳴聲，我前面說過的「克娃克娃克娃克」呼喚我；每次牠都用我的口氣，說牠自己的名字——若啞！最奇怪的是，牠只有對我才這樣，當牠與同類一起時，用的還是牠與生俱來的鳴聲。

如果說我是在無意之間教會牠的，顯然不大可能：因為我得碰巧在若啞說自己的名字，想到我、要我和牠同走時，走近牠的身邊，才能觸動牠的靈機，使牠把這幾件事連貫起來。任何人都知道像這三樣獨立事件湊巧碰在一起的機會是很少的，何況這種不大可能的巧合還得重複好幾次，牠才記得住呢！所以，這隻老渡鴉一定有某種悟力，認為「若啞」是我的鳴聲。

所羅門王並不是唯一一個和動物談過天的人。但是就我所知，若啞卻是唯一的一隻見人說人話的動物；雖然牠說得不多，卻說對了。

第九章

馴悍記

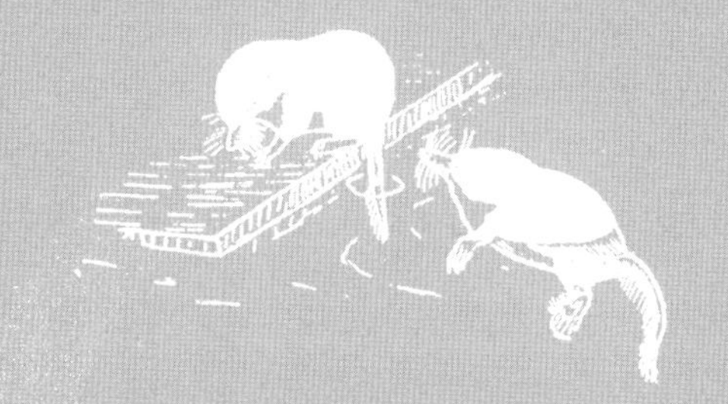

雖說大自然的爪牙染滿了凌弱暴寡的血腥，
見了這等行徑，
也是心驚。

——丁尼生，《回憶》（*In Memoriam*）

所有的地鼠（shrew）都不好養，這可與俗語的「地鼠難馴」沒什麼相干。最主要的，還是因為牠們身小量大，新陳代謝的作用太快了，只要有兩三個鐘頭飲食不繼，就要餓死。而且牠們只吃昆蟲一類的活物，每天的食量比牠們自己身體的重量還大，所以光是替牠們謀食，就是一件煞費張羅的事。到我現在寫下這段文字為止，還沒有養成過任何一種陸棲的地鼠。

我以前養過的地鼠大半都是先有了病才被我捉到的，總是過不多久就死了，我也從來沒捉到過一隻健康的。不過食蟲獸在哺乳動物這一體系裡是很低等的一類，因此對於比較行為學家而言，頗有研究的價值。

在所有的食蟲獸裡面，只有豪豬（hedgehog，刺蝟）的行為模式我還略有所知，這是一種非常有趣的動物，柏林的赫特教授（Herter）曾經把牠的習性行為，研究得非常詳盡。但是同一科裡，其他的食蟲獸就沒有人知道了，因為這一類的動物全都是天黑了之後才出來活動的，而且大半的時間都在地底下。所以，要在野地裡觀察牠們的行為簡直就不可能，如果把牠們捉來自己餵養，又有許多困難，因此也無法在實驗室裡研究牠們的習性。這也是研究院指定要我把食蟲獸列入研究項目之內的原因。

於是第一步我就從最普通的鼴鼠（mole）著手，要找一隻健康的樣本倒是不難，我岳丈的苗圃裡就有許多鼴鼠出沒，我們可說是手到擒來。後來我發現養牠也不是什麼難事，從一開始，牠就不怕從我的手中取食，而且胃口奇佳，一頓可以吃下一大盤蚯蚓。

不過做為研究的對象，牠卻非常令人失望，雖說看見牠在短短幾秒鐘內就沒入地底，研究牠那對鏟子一樣強壯有力的前爪，感覺這個小小的野東西生龍活虎一般在掌中東突西竄，以及看牠表演牠的驚人嗅覺（隨便我把蟲子放在地上哪兒，牠都可以從地底下一擊就中的，從不錯過一次），都是有趣的功課，但是，這些也就是我所能得到的全部觀察結果了。牠並沒有隨著時日和我混得更熟，除了取食，牠也從不到地面上來；每次東西一吃完，牠就像潛水艇一般沉到地下去了。沒有多久，我就對每天替牠謀食的事不耐煩起來，又過了幾個星

期，終於把牠放了。

這一耽擱就是好幾年，一直等我有次到奧匈邊境有名的新錫德湖（Neusiedlersee）去玩的時候，才又觸動了再養一種食蟲獸試試的念頭。這一大片湖水，雖說距維也納還不到三十英里，卻和東歐、小亞細亞之間大草原上的湖泊是一型的：湖面寬闊（長度大約有三十多英里，寬度至少也有長度的一半），但是湖水卻非常之淺，最深的地方還不過五英尺；幾乎有一半的面積都讓蘆葦給占了，所以成了各種水鳥生養繁殖的理想居地。茅草深處，不知道躲了多少白鷺、紫鷺、灰鷺和琵鷺（spoonbill）。就在不久之前，連毛光色亮的朱鷺（ibis）也曾以此為家，除此之外，雁鵝也常常成群結隊的到這裡來產卵。湖的東岸，沒有茅草的地方又有長腳鷸（avocet）以及許多稀有的水鳥在那兒歇腳。

這天，我和十幾個疲倦的動物學家，正由科林（Otto Koenig）帶領著，在這一大片蘆海裡摸索。科林算是那一帶的識途老馬，所以走在最前面，他的後面是我，我的後面又有近十個學生跟著。我們排成一單行，走得又慢又辛苦，在那一片淺灰色的水面上，剩下一道深黑色的墨痕。新錫德湖的茅草林子全都長在深可及膝的黑色軟泥裡，不但有股硫氫化合物腐蝕菌的怪味，而且黏糊糊的，每一步都要帶起好多泥來，一直到黏得不能再黏了，才叭噠一聲依舊掉回沼地裡。

在這樣的泥地裡走幾個小時，精力再充沛的人也會支持不住，有些你平時想都想不到的地方這時也疼疼起來。新錫德湖的水淺而渾，蘆葦叢裡，又有成千成萬餓得要死的水蛭等著受饗。因此，由膝蓋以至屁股，泡在這種半泥半水的乳漿裡，並不是一件逸趣橫生的賞心樂事。那兒的蚊子也與眾不同，總是聚成一堆的出來肆虐，齧起人來，窮凶惡極；加上茅草又密，你的手得用來開路，不能時時顧到牠們，所以你的頭、臉、身子雖在水面之上，還是不能免刑。英國的禽鳥學家也許會羨慕我們環境好，有許多奇禽怪種可供研習，但是他只需到新錫德湖來走一趟，就會發現在這兒看鳥，真不是一件令人嚮往的職業。

那天，正當我們一步一頓，辛苦的從茅林裡涉泥而過的時候，科林忽然停下腳來，一聲不響的指著我們前方的一個小水塘子。開始的時候，我只看到灰灰的水、深藍的天和青青的茅草，然後，水塘中央忽的冒出一隻小而黑的動物，就像一個小小的瓶塞突然彈出水面一般，頂多只有我的拇指大。

一時，我發現自己竟然辨識不出牠到底屬於食蟲獸的哪一部門，這對於一個動物學家而言，自然是很稀奇的事。因為牠頭部的前方有一個鳥喙似的尖嘴，在水上的動作也像鳥，所以有一秒鐘，我以為牠是某種我不認識的潛水鳥的幼鳥。牠游水的樣子一點也不像哺乳類，不是打圈子，就是游成曲線，就像豉蟲（*Gyrinidae*）一樣，在身後留下一道楔形的水痕，與牠小小的身量全不相配。就在這時，第二隻小獸也從水底鑽了出來，牠發出一聲蝙蝠似的尖叫，就趕上了前面那一隻，然後兩隻一起潛入水中，轉瞬之間，就失了蹤跡。這一整段插曲，從頭到尾還不到五秒鐘。

雖然我張著嘴愣在那裡，心裡卻像風草一般如飛的轉著。這時科林帶著笑回過頭來，安詳的把手腕上叮著的一條水蛭撥開，抹掉了傷口的血跡，又一巴掌打死了三十五隻蚊子，然後不慌不忙的問我：「這是什麼？」口氣就像一個出題的考官。我也盡量不動聲色的回答：「水老鼠（water shrew）。」心裡卻在暗謝那條水蛭和那許多蚊子，因牠們的耽擱，我才有時間整理出思緒，沒有出醜。

這時我又想：水老鼠吃的是魚和蛙，替牠們謀食應該非常容易，而且牠們比同屬的食蟲獸待在地底下的時間也少得多，如果豢養牠們做為觀察對象，不是很理想嗎？

於是，我對我的朋友說：「這正是我要的，我們捉幾隻帶回去吧！」「這容易，」他說：「我們的帳篷底下就有一窩。」其實，前一天晚上我也睡在同一個帳篷裡，不過科林並沒有提起他找到一窩水陸兩棲的小地鼠。對他來講，茅草林子裡是別有天地的，這裡面發生的種種異事，諸如找到一窩活生生的水老鼠，任由野生的秧雞（rail）從他的手中取食，都是一些稀鬆平常的事，沒什麼好提的。

那天晚上我們一回到帳篷裡，他就指給我看那窩水鼠躲藏的地方。我們把草蓆掀了開來，有隻大的母鼠立刻就逃開了。小鼠共有八隻，身長大約是大鼠的一半，都長得非常肥胖，重量至少也有母鼠的四分之一到三分之一；所以，如果把小鼠合在一處，就是估計得保守一點，也有母鼠的兩倍重。不過這時牠們的眼睛還是瞎的，小嘴裡牙齒也只冒了一點頭。兩天之後，當我把牠們帶走的時候，牠們連蚱蜢肚上最軟的部分都吃不動。雖然牠們貪吃得很，咬住了一塊軟的蛙肉就再也不肯放，但是卻始終咬不下一口肉來。回家的路上，我只好把蚱蜢的內臟擠出，再加上搗碎了的蛙肉，餵給牠們吃，這道菜似乎很合牠們的口味。

回到艾頓堡之後，我又精益求精，找來許多新鮮的小魚，剁得碎碎的，再蒐集一些蠐螬（金龜子的幼蟲），把牠們的內臟擠出，用一點牛奶和成肉糜一樣的東西。這種食物，牠們一頓可以吃一大盆。如果把牠們睡覺的巢和餵牠們的食盆相比，實在是太不相稱了，而且牠們每天最少要吃三頓。因此，我們就要問了：母的水老鼠到底怎樣養活她的小孩呢？

餵奶是絕不可能的，因為，每一隻小鼠每天所消耗的食量大約和本身的重量相等（這還是指濃縮過的食物而言），所以，這八隻小鼠天天要吃兩倍於成鼠的重量的東西，母鼠哪裡有這許多奶可餵呢？可是我又做過試驗，知道小鼠咬不動整塊的蛙肉或小魚，因此，如果小鼠吃的是母鼠帶回巢的東西，母鼠用的一定是吐哺的法子，自己先將食物咀嚼過，再吐出來餵給小鼠吃。只要想想牠們的貪食和大胃，就知道母鼠每天要找多少東西才能餵飽這一家子。在我看來，牠們沒有餓死，真是奇蹟。

我把這些小鼠帶回家的時候，牠們的眼睛還沒有睜開呢！因此，旅途的勞頓一點也沒有影響到牠們的健康，依舊和從前一樣肥胖、溜滑。牠們身上穿的黑而有光的外衣和鼴鼠非常相似，但是牠們的腹部卻是白的，不論體態、輪廓，在在都使人想起企鵝。

這自然不是沒有原因的，淺色的腹部和流線型似的體態，都是適應水中生活的結果。許多善泅的動物、哺乳動物、鳥類、兩棲類和魚類，底部都是銀白色的，這樣，萬一有敵人從深水處來，就會視而不見，因為從下方看起來，閃亮的白肚子和水面上的反光一樣。所以，背黑腹白的涇渭分明，乃是水中動物的特色。但是，身上有對比二色的陸棲動物就不同了，為了使自己不易被敵人發現，這種對比色愈不鮮明，愈是有利。因此，凡是背黑腹白的陸棲動物，兩色之間的演變都是逐漸的、混淆的，並沒有一條顯明的界線。水鼠和巨鯨、海豚、企鵝一樣，背面黑而前身白，身子的兩側、腹胸和背臂之間有一道清晰的曲線。最奇怪的，這道黑白之間的分界線是因鼠而異的，不但每隻水鼠的線形各異，就是同一隻水鼠，兩側的線條也不完全對稱。我對這一點特色倒是非常歡迎，後來我就是靠這道曲線，才能將牠們一隻隻辨認清楚。

三天之後，這八隻小鼠終於睜開了眼睛，同時開始到巢的附近摸索，我知道這是把牠們移到水缸裡去的時候了。但是，到底怎樣的水缸才算合適呢？

我想了又想，不敢輕易做決定，這些水鼠不但吃得多，排泄量也很驚人，如果把牠們放在普通的水匣裡，大概不要一天，就成了一缸臭水。可是環境衛生又是非常重要的一個條件。鴨子、鸕鷀、以及所有的水鳥，之所以能保持健康，在水中浮游自如，乃是因為羽毛乾燥不透水的緣故。但是汙穢的水卻含有強烈的鹼性，可以鹼化羽毛上的一層油脂，這層油脂一脫，羽毛就失了禦水的作用，水鳥也就不能在水中停留了。

水鼠的外皮應該和水鳥羽毛的作用相同，一定也需要乾淨的水才能保持身體健康。從前我曾經養過一對鸕鷀，牠們在我迴廊的小池裡一住兩年，始終健健康康的。

後來也沒死，是自己飛走的，也許現在還活著。就我所知，這個紀錄，到現在為止還沒有別的養鳥專家打破過。依我的經驗，保持水的清潔是絕對必須的，只要水稍一變髒，牠們的羽毛就開始浸水。鸊鷉對這種危險是很敏感的，這時就會不停的剔毛，因此我總是天天換水，使這一對袖珍型的水鳥得以始終生活在澄清而明淨的池水裡。由於過去的成功，我決定對這一批小的水鼠也如法炮製。

我找到一個長約一碼、寬約二英尺的玻璃水箱，分別在兩端放下兩張小桌子。為了使桌子不致浮起，我又在桌上堆了幾塊很重的石頭，然後在箱內注水，使水面與桌面平。開始時，我還擔心小水鼠不會找路，也許困在桌面下淹死，因此桌子的四周，我都小心的留下空隙。後來發現這種戒備完全是多餘的；水老鼠在天然的環境裡，常常在冰下游很遠很遠也不致於迷路，總是能夠找到空隙鑽出。

水老鼠巢就放在其中一張桌上，開口處我還特別裝了一個活動開關，以便換水時，可以把牠們一起關在盒內。

通常，我都在早上做清潔水箱的工作，這時牠們也都高臥未起，可算兩得其便。我一向以為能夠用匠心慧眼替從來沒有人養過的動物營造居室，使牠們動靜得所、居安神怡，是件非常值得驕傲的事。這次給這些水鼠設計的水箱，就很使我洋洋自得，自從裝好之後，從來沒有因為不方便而需要對任何細節更改過。

我第一次將這些小鼠放在水箱內時，牠們花了很長的時間在桌面上摸索。牠們的巢也就在這張桌上，水的吸引力似乎很大，牠們一次又一次走近水邊，又聞又嗅。在牠們尖尖的嘴邊，有一些又細又長的鬍鬚，這不但是牠們最重要的觸覺器官，也是牠們所有感官裡最重要的一環。水鼠就像其他的水棲動物，與同一部門的陸棲類最大的不同點就在鼻子上。一般的哺乳動物都用鼻子做前導，但是在水底行獵，鼻子是沒有用處的；所以水鼠的鬍鬚，就和盲人的手指、昆蟲的觸鬚一樣，對於物種的存活有極大關係。

這些水鼠在陌生的地方探險的時候，和許多別的齧齒動物，在同樣情形下的表現完全一樣，每隔幾分鐘，就要急急跑回巢裡。這種奇特的行為，很明顯的對於救生保命大有關係：一方面牠可以藉此認路，不致走失；另一方面，萬一真的碰到危險，牠也可以馬上安全回壘。

看到這些黑胖的小傢伙，前一分鐘還在小心翼翼用鬍鬚探路，後一分鐘卻像閃電似的竄回巢裡，實在是種古怪的景象。更古怪的是牠們在急著回巢時，從不曉得直接從門口爬進去，總是先跳到盒子頂上，然後再慢慢用鬍鬚從邊上找下來，一旦找到門口，牠們再從頂上一個筋斗翻進巢裡。每隻小鼠都一樣。後來次數多了，不用找就知道門口在哪裡了，可是牠們還是堅持先跳到頂上，再翻進巢的老習慣。一直到死，牠們都沒發現，這種先跳上屋、再翻筋斗的動作並不必要，牠們始終不知道要進巢只要直接從門口爬進就得了。水鼠這種「走老路子」的習慣，我下面還要細說。

一直到第三天，那時這些水鼠對島上的地理環境已經摸得透熟了，那隻最大最有膽識的水鼠才敢跳進水裡。無論是哺乳動物、鳥類、爬蟲類或魚類，帶頭的通常都是長得最大、顏色最美的雄性。牠先坐在桌子的邊緣上，然後把上半身伸進水裡，一面用前腳瘋狂的划水，一面用後腳勾住桌面，漸漸的牠的整個身子都在水中了。這時牠忽然害怕起來，就像隻受了驚嚇的鴨子一樣，牠急急的從水面游過，再一跳跳到水箱另一頭的那張桌子上，然後就坐在那裡，興奮的用後腳梳理起自己的肚子來，和海狸（coypu）、河狸（beaver）理毛的動作完全一樣。過了一會兒，牠終於安靜下來，又呆呆的坐了一會兒，才再一次走到水邊。這次牠只略略遲疑了一下就跳進水裡，而且

馬上開始潛水。牠開心的在水底潛游，一忽兒上，一忽兒下，很快的就把水箱底部游了個遍，終於從牠最初入水的地方鑽了出來。

當我第一次看到水鼠游泳的時候，竟然給一件我本來應該想到的現象弄糊塗了。原來，這些黑白分明的小傢伙一旦潛入水中，就再也找不到原來的顏色了，一個個看起來都成了銀色的小獸。水鼠的外皮與其他的水棲哺乳動物大不相同，倒像鴨子或鸕鷀的羽毛，能夠在水中保持絕對乾燥，因為牠在潛水的時候，身子的外面仍然裹了一層空氣。大多數的水棲哺乳動物，像海豹（seal）、河狸、水獺（otter）或海狸，只有長毛裡面那層短而密的絨毛能夠始終保持乾燥，表面那層毛尖卻是溼的，所以牠們在水中看起來還和本來一樣。

其實那時我已經知道水鼠的毛是完全不透水的，只要我多想一想，應該猜得到牠在水底會和水甲蟲或水蜘蛛（water spider）的腹部顏色一樣，是因為裹了一層空氣的緣故，後來也就不致於大驚小怪，以為又是自然界的什麼新鮮花樣了。另外還有一個細節也是我後來才發現的：原來牠們第五個腳趾的外面和尾巴的底部都有一抹又硬又直的長毛，通常要在水裡面才看得出來。作用就像是可以摺疊的漿和舵，平時在陸地上是合起來的，一點也不起眼，可是一到水中就張了開來，可以幫助腳划水、尾掌舵。

水鼠很像企鵝，在陸地上是一副行動不便的樣子，一旦跳進水中，馬上就矯若遊龍、儀態萬千。在牠行走的時候，因為腹部凸出得很厲害，看起來就像一隻腹鬆胃垂、上了年紀、飲食過度的臘腸犬。但是在水裡面，牠的大腹卻和牠背部的曲線平衡對稱，一點也不突兀，再加上牠銀色的外衣和優雅的動作，使人對牠的美麗，一見難忘。

自從每一隻小鼠都學會了嬉水，牠們的水箱就成了我們這個研究所的活寶，每逢有人來參觀，我們一定帶他去看這些水老鼠。牠們和別的與牠大小相等的哺乳動物不一樣，夜息而晝出，所以，除非是凌晨，總會有三四隻在外面玩耍。

觀看牠們在水面上或水底下嬉戲是很大趣味的，牠們能像豉蟲一樣，在極小的方圓內，完全不減速度就來一個急轉彎。這自然和牠尾巴底部的硬毛大有關係，當這些長毛豎立起來的時候，牠的整個尾部就像一隻加寬了幅度的大舵，只要輕輕一擺，就可以轉開老遠。牠們有兩種潛水的法子，第一種是鸊鷉或大鷭（coot）等水鳥常用的，先是輕輕一跳，再直直的潛到水底；第二種方法是把鼻子放到水面之下，同時很快的打水，等速度達到一定的標準之後，再斜斜的潛入水中——這個法子和飛機起飛的動作很相像，只是牠們反向而行，不朝上走而已。

因為牠們外皮上裹著的一層空氣有很強的拉力，水鼠通常要費許多精力才能在水中停留。為了不浮到水面上來，牠們得經常將身子向下傾斜，同時還得維持一定的速度。當牠們潛游的時候，身體立刻古怪的變扁了，這種寬而扁的軀體對於御水是頗有幫助的。我從來沒有看過牠們像川鳥一樣在水底靠爪子的力附著什麼東西，雖然有時看起來牠們好像是在沿著水底奔跑。實際上牠們不過是貼著水底游泳而已，而且也沒有真的碰到水箱底部，這也許是因為箱底太平又太光滑了，不容易借力的緣故，不過當時我並沒有想到替牠們換上一塊粗糙一點的平面。

牠們非常愛玩，常常在水面上大呼小叫的追來追去，在水底下雖然比較安靜，還是追逐不休。而且牠們能夠浮在水上休息，這一點也是比較像水鳥，而和其他哺乳動物不同的。牠們常常就在水中扭過身子給自己梳洗，每次一出水，總是馬上就開始理毛——我幾乎想說剔毛，因為牠們的舉動實在和游罷歸來的鴨子太像太像了。

最有趣的是牠們在水中獵食的法子：起始時總是隨意游走，突然之間，我們就看見牠直直的向前方射出一英尺來遠，然後減了速度，開始打圈子。當牠快速的向前直游的時候，就我所知，牠的鬍鬚是緊貼著頭部的；可是在牠打圈子游成曲線的時候，這些長鬚卻一根根的向外直豎起來，好像要觸到牠的獵物似的。

我看不出水鼠的視覺在行獵時有什麼作用，也許可以稍稍加強鬍鬚的感覺吧！我養的水鼠也許注意到了我放進水箱裡的小魚、小蝌蚪，但是在牠真要獵食的時候，卻是靠嘴巴周圍的鬍鬚做前導的。有些小型鯰魚獵食的方法也是一樣：當牠向前急游時，嘴邊的長鬚一定貼緊頭部，只有在牠感覺到獵物就在附近時，這些觸鬚才都張了開來，然後牠就摸索著打著圈子，想要觸到牠的獵物，和水鼠的情形完全一樣。

也許水鼠根本用不著真的「觸」到獵物，也許在靠得很近的時候，小魚、小蟲或小蝌蚪所引起的水波，就能叫牠靈敏的觸官偵知牠們確實的位置了。實情到底如何，就不能光憑觀察來決定了。牠們的行動實在是快，人的眼睛根本趕不及：只見牠一個轉身一口，一個蠕動著的小東西已經到了口裡，而且牠也已經準備上岸了。

就牠的大小來說，水鼠大概是所有脊椎動物裡面最兇猛的一種野獸了，牠的殘暴甚至與無脊椎動物不相上下，包括我第三章說過的龍蝨在內。

布瑞姆（A. E. Brehm）從前有過一篇報導，記載一夥水鼠殺死一條大魚的經過：雖然那條魚足足比牠們重了六十多倍，卻在牠們又咬腦又咬眼的環擊之下瞬息喪生。像這樣的情形只有在密閉的環境裡才會發生，被獵的動物就是想逃也逃不掉，只有活活受戮了。新錫德湖的漁夫也告訴過我同樣的故事，他們不可能讀過布瑞姆的報導，可見水鼠的兇殘大概是有目共睹的事實。

有次我放了一隻活的大青蛙到水箱裡，後來發生的慘象實在令人不忍卒睹，我發誓以後再也不做同樣的事了：其中一隻水鼠在箱底碰到了這隻青蛙，立刻就開始追逐起來。牠一再的想要咬住青蛙的腿，對牠的踢、蹬滿不在乎，而且愈攻擊愈厲害。最後青蛙實在受不住了，就從水裡逃了出來，跳到一張桌子上；立刻，好幾隻水鼠都趕了過去，有的咬住牠的腿，有的咬住牠的屁股。最可怕的，牠們也不把牠弄死，就活生生的吃起牠的肉來，隨便咬著哪裡，就吃哪裡。可憐那隻青蛙，一邊掙扎、一邊發出令人心碎的叫聲，兇手們卻在一旁齜牙露齒的吃得津津有味。我實在看不下去，趕緊將這隻飽受凌遲的青蛙救了出來，草草結束這次的實驗。以後除了小魚、小蟲、小蝌蚪，我再也不拿大的活物餵牠們了。

大自然是非常殘忍的，多數大型猛獸都用快攻快殺的方法捕食獵物，牠們這樣做倒不是因為慈悲的緣故。拿獅子做例子，為了減少自己受傷的機會，牠一定得在很短的時間內把一隻大的羚羊或水牛殺死。凡是每天必須獵食的猛獸，在殺掠時都受不起傷，一點輕微的抓傷雖然看來無害，積少成多，不要多久，獵食的猛獸就成了行動不靈的常敗將軍。所以有些巨蟒大蛇總是很快就將牠們的天然食物（牙尖齒利的哺乳動物）殺死。

如果被捕獲者對於施暴者完全沒有反抗的餘地，不能造成任何損害，那麼做兇手的往往一點憐憫之心都沒有。豪豬因為身披刺甲的關係，完全不怕蛇咬，所以牠在吃蛇的時候，有時從尾部，有時從中間開始，完全看興之所至。水鼠對於無毒無害的獵獲物也是一樣。雖然這就是大自然，我們「見了這等行徑，也要心驚」。

據我看，人還是沒有資格褒貶牠們的行為，牠們的殘忍，只可算作是無心之過，比起有些人為了娛樂、肆行殺戮，還要強一大截呢！

水鼠的智力、靈性並不高，很容易馴養。牠們一點也不怕我，每次我把牠們抓在手中，牠們既不咬我，也不逃走；不過如果我把牠們在掌中握得過久，牠們就像其他的齧齒類一樣，想從裡面掘了出來。甚至當我把牠們從水箱中取出放在桌上或地板上時，牠們也不驚懼失措。

水鼠很喜歡從我的手中取食，有時當牠們想要庇護時，甚至會自動爬進我的掌中。不論處在多麼陌生的環境裡，只要我把巢一搬出，牠們總是一見便知，並且立刻趕了過去。如果我拿著這個盒子在牠們搆不著的前上方移動，牠們甚至會抬起頭來用眼睛盯梢。這一切，實在使我深感自傲。無論如何，水鼠都是地鼠的一支，我因此也算得是馴悍成功了。

水鼠在過慣了的環境裡是非常墨守成規的。我前面提過，牠們進巢時一定是先跳上屋頂再從門口翻進去，這法子雖然又笨又不實際，牠們卻始終樂此不疲。無論什麼習慣，只要養成了，牠們就執著不改。牠們的保守作風又以在找路上的習慣表現得最為徹底，所謂「枝向哪邊歪，樹向哪邊長」，大概就是為水鼠而說的了。

在陌生的環境裡，水鼠除非感到極端恐懼，否則是絕不快跑的。牠在受迫逃走的時候，也是盲目的亂跑，不但撞倒東西，而且常常慌不擇路，跑到死胡同裡去。但是，除非真的受了驚嚇，水鼠在陌生的地方總是一步一步的走，嘴邊的鬍鬚忽左忽右，在前探路。如果把牠走的路線描下來，真是七歪八扭，沒有一段是直的。

當牠初次在一個地方摸索的時候，大概有一百樣偶然事件都可以影響牠的決定，不過在牠重走過幾次之後，這一段路就完全記下來了。這以後，牠的走法就算固定了，不但採的路線與從前相同，連動作也一模一樣，只是走得比從前快些而已。

如果你把一隻水鼠放在一個牠從前走過幾次的地方，開始時牠一定是一步一頓，很小心的讓鬍鬚在前方探路。忽然，牠碰到某種熟識的路標了，立刻變得伶俐起來，很快的趕過後面這一段；只是其中每一個彎、每一步路都是照前幾次的樣子描下來的。一旦牠走到一個記得不大清楚的地點，一定馬上停下來，重新一步一步用鬍鬚探路，直到再找到另一個路標為止。所以牠的走法是一下子快、一下子慢，輪番交替的：

在牠開始找路時，速度可說極慢，找到路標後，趕路的次數也不多，但是慢慢的牠記得的路標漸漸多了，快跑而過的次數也跟著加強，其間的距離也愈拉愈長，直到牠能把整條路線一氣跑完為止。

往往，一條路線裡會有一兩個地方特別難認，是水鼠常要走錯的；這時，牠總是回到又觸又嗅的老法子，直到找到下一「站」為止。一旦牠把某一條路線走熟了，馬上就成了牢不可破的習慣，就像火車離不開軌道一般，牠沿著這條路來來去去，一步也不肯離譜。如果誤走了一步，離原來的路線即使只有一英寸之遙，牠也不肯馬虎，一定要找回原來的地方才肯重走。我有時故意把某些細節更動，牠的反應也是一樣，如果動得更多一點，牠就完全迷糊了。

前面說過，我養水鼠的水箱裡有兩張木桌，一張桌上放有牠們睡覺的巢，另一張桌面上兩端靠玻璃板的地方放了兩塊大石頭。這些水鼠常常從巢裡出來，爬到對岸，再沿著桌邊靠著牆走。因為那兩塊石頭就在路上，牠們經過時，總是從石頭上跳上跳下，後來就成了習慣。有次我把這兩塊大石移開，疊在一起放在桌子中央，牠們走到原來有石頭的地方竟然還是照跳不誤，在重重的摔過一跤之後，牠們才開始狼狽的用鬍鬚找路，就好像從來沒走過這條路似的。

後來更有趣了：牠們竟從原路回去決定再試一遍，這一次和前一次完全一樣，也是先跑一段，再用力一跳——自然又摔了一跤。這時牠們似乎才明白，第一次的摔也許錯不在己，而是常走的路有了變動。於是牠們沿著原來放石塊的地方，小心的又嗅又聞，想要找出癥結所在。牠們這種從頭開始再來一遍的法子，使我想起小孩子背書，每當背不下去的時候，就從前一段重新背起。

老鼠和許多小的哺乳動物在學走迷陣時，認路的習慣和前面敘述的情形完全一樣。不過老鼠適應環境的能力較高，絕對不會想要跳上一塊根本不在那裡的石頭。

拘泥於機械化的習慣，完全不重視當時的判斷，大概是水鼠最顯著的特點了。如果牠們的感官報導說環境有了變動，需要更改習慣，牠們甚至會對感官投不信任票。在新的環境裡，一隻水鼠絕不會錯過這麼大的石塊，而且或走或避，牠都會想出一個適當的應付方法；但是，假若牠一旦養成了一個根深柢固的習慣，所有的常識、判斷就再也起不了作用。

就我所知，大概沒有別的動物比水鼠更受習慣所左右了。在水鼠的天地裡，幾何上的公理是：兩點之間最短的距離並不是直線，而是牠走慣了的路。就速度上講，這種說法是頗有道理的，水鼠在慣路上走得非常之快，比牠用鬍鬚慢慢摸索、試走直線要敏捷得多。即使牠選的路線長得冤枉，需要一再迴旋，一旦走成習慣，牠就再也不肯改道。老鼠或田鼠很快就能認出那些迂迴是不必要的，下次就會選條近些的走；但是要水鼠改道，就等於要玩具火車在平交道上轉直角一樣困難，牠得把整個走老路子的習慣改掉才行。所以，一時之間是難奏急功的。要教會牠不繞圈子，省掉一段不必要的迂迴，不知道要費多少時間，也許幾個月之後牠走的路線還是彎來扭去的。

牠們這種古怪的習慣顯然有其生物學上的好處：可以補水鼠視力的不足，使牠奔跑如飛，完全不用浪費時間去找路。不過另一方面，在非常的情形下，這種習慣也可能把牠帶到絕路上去——據說有一群水鼠因為跳到一個抽乾了水的池塘裡，一隻隻都活生生的摔死了。像這樣的情形是很可能發生的。

牠們這種習慣雖說不是盡善盡美，我們卻不能因為牠解決問題的方法與人不同，就說牠笨。如果我們這樣想，就未免太短見了；正好相反，只要我們客觀一點，就會發現水鼠用以定向的方法——把某一塊空間所有異乎常態的事物全部記住，與我們所用的實地觀察法雖然大不相同，卻是殊途而同歸，一樣能圓滿的解決問題。這豈不是一件了不起的成就嗎？

我養的這夥水鼠彼此之間相處得極好。可以說沒有一點脾氣。雖然牠們在玩耍的時候，常常互相追逐，而且尖聲怪叫，熱鬧得很，但是我從來沒有見過牠們假戲真做。

有一天，忽然發生了一件不幸的意外：我在清理過水箱之後，忘了把牠們從巢裡放出來，等我最後想到的時候，已經過了三個鐘頭。這對於牠們極快的新陳代謝作用而言，自然是一段頗長的時間，所以我一打開盒門，所有的水鼠都奪門而出，並立即向食盤趕去。也許是趕得太急了，牠們不但全身都弄得很髒，而且還排出了某種腺體分泌物——就在牠們出盒的時候，我聞到一股強烈的像麝香一樣的怪味。

因為當時看不出來這三個小時的饑餓使牠們受到什麼損害，我就轉身去做別的事了。可是一會兒後我再走近水箱時，忽然聽到一聲尖銳無比的大叫，我趕緊跑過去，發現這八隻水鼠正打成一團，而且有兩隻已快死了。雖然我立刻把牠們分開，分別裝在不同的箱子裡，當天晚上又死了兩隻。

這場突然而可怕的戰爭起因到底如何，很難確定；不過我很懷疑牠們是因為氣味突變的關係，不能互相認識，所以才像生敵一樣打了起來。剩下的四隻過了一段時期之後終於也安靜了下來，我因此能夠把牠們放回原來的水箱裡，而沒有發生更不幸的意外。

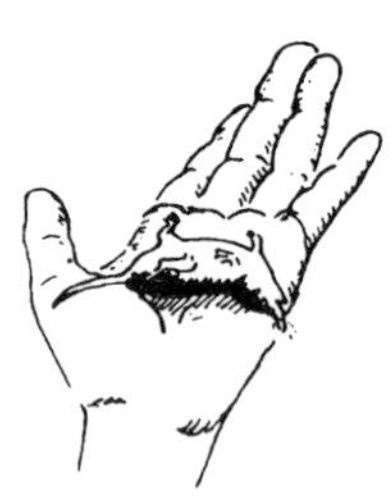

這四隻劫後餘生的水鼠，從此又健健康康的活了將近七個月；如果不是因為我的助手偶然忘了餵食，可能還會活久一些。這天我要去維也納辦事，因此把餵養牠們的工作交代給我一向負責的助手。等我傍晚回來，他才變了臉色想起把我囑咐他做的事忘了。這四隻水鼠那時還活著，只是非常虛弱，我們把食物一拿出來，牠們就搶著吃；不過幾個鐘頭之後，一隻隻都還是死了。牠們死時的徵象和我從前養過的地鼠完全相同，過去我常常懷疑那些地鼠是先餓壞了才被我捉到的，所以活不長，現在證明我的猜想沒錯。

任何一個對於畜養動物頗有經驗的人，只要能夠裝置一個大的水箱（如果箱裡的水能時時流換就更好了），只要能夠找到足量的小魚、小蝌蚪以及相似的東西，我都勸他養幾隻水鼠試試。這實在是一種既有價值、又有趣的經驗，雖說照顧牠們是一件頗為煩難的工作——牠的慣食是小的活物，只有在沒有別的東西可吃時，牠才肯吃搗碎了的內臟；而且我們還不能長期用這種替代物餵牠，同時還得時時保持水的絕對清潔。但是，如果我們能夠滿足牠的需要，那麼牠不但能活下去、活得好，甚至還可能生出一大批新的水鼠呢！

第十章 盟約

跟在後面的四隻腳

——吉卜林

新石器時代的初期，出現了一種半野半馴的小型動物，這種動物就是狗。狗是豺狼（jackal）的後裔，牠們大概算得上是人類的第一種家畜了。那時歐洲的西北方很可能已經沒有了豺狼的蹤跡，但是從找到的許許多多狗骨頭，以及其他的種種跡象看來，我們有理由相信：當時的居民養一兩條家犬似乎是很普遍的現象，而且當某一批湖畔居民流徙到波羅的海濱定居的時候，還把他們養的狗也帶了去。

但是石器時代的人開始時到底怎樣跟狗攪在一起的呢？多半不會是出於有心的安排。當這些狗還不是狗，而是野生的豺狼時，牠們一定常常成群結隊的跟在一夥一夥的獵人後面，散居在牠們住處的四周，就像現在印度的黃色野狗一般。沒有人說得準這種行為是表示牠們由家犬變成野狗，還是由野狗變馴的第一步。相信我們的祖先也和現在的東方人一樣，聽由這些無害的跟班討些殘食，不和牠們計較。而且那時大的食肉猛獸，對人來說還是非常嚴重的威脅，石器時代的獵人說不定很高興有這一群豺狼替他們把風放哨，萬一有虎、熊經過，不致於因為不知道戒備而受到偷襲。

後來，除了看門放哨之外，牠們又添了一樣本事，成了人們行獵時的幫手。不知道從什麼時候起，這一群跟在獵人後面討食的豺狼就學會跑到獵人的前面，幫忙追蹤獵物，甚至把獵物趕到絕地。我們很容易就可以想像到，這些史前時期的豺狼怎樣對大型的獵物發生興趣的：開始的時候，一隻豺狼一定不會想到去追蹤公鹿或野馬，因為牠沒有辦法把牠殺死或是吃牠；但是如果牠一再的從人的剩食中吃到牠的內臟或其他部分，也許當牠再碰到這類獵物時，就不肯輕易放過了。獵物的氣味會使牠想起上次吃過的美食，說不定牠靈機一動，竟然「想到」把獵人引到藏有獵物的路上去。

這樣的假定並不過分，狗如果有幫手，對於借勢假威的事是很在行的。我有一隻袖珍型的法國鬥牛犬（bulldog），牠的膽子很小，後來交了一隻巨型的紐芬蘭犬（Newfoundland）做朋友，每次只要有這隻大狗伴著，不管碰到什麼樣的狗牠都敢攻擊。所以我以為，當初「豺狗」是自己學會追蹤獵物的，並沒有受到獵人有心的訓練。

我每一想到人與狗之間的盟約，是一種自然發展而成的「默契」，沒有一點牽強和不自然的成分在內，我就引為非常樂事。幾乎所有別的家畜都像古代的奴隸一樣，先受過一段時期的監禁，才變成

人的傭僕的，除了貓以外，幾乎所有的家畜都是這樣馴養的。

貓其實算不得是真正的家畜，牠直到今天還是我行我素，這其實也是牠最吸引人的地方。狗和貓都不是人的奴隸，但是只有狗是人的朋友——一個聽話而樂於服侍你的朋友。經過幾個世紀的豢養，品種較佳的狗已經慣於認人做集團的領袖，過去有許多例子表示：狗所承認的主人，正是人的部落的酋長。甚至今天，有些個性強的狗還是只認「家長」做主人。我們從哈士奇和其他比較原始的品種可以看出，牠們和人的關係比較複雜而不直接；如果你養了一群這樣的狗，其中必有一隻會成為群中之首，其他的狗只尊敬牠、對牠忠實，所以只有牠可以算是你的狗，別的狗都是牠的部下。

倫頓（Jack London）對於狗的描述顯然是很真實的報導，從他的書裡我們可以看出像我前面說的這種人狗關係，在拖雪橇的狗隊裡是很普遍的。石器時代的豺狗和人的關係，很可能也是這樣。有趣的是，高度馴化了的狗似乎已經不能滿足於認狗作「主」了，大多數的狗都主動的擇「人」而事。

最奇妙、最令人難解的一種現象大概就是良犬擇主了。通常只有幾天的功夫，這種默契就突然之間生了根，可是卻比人與人之間的任何束縛要有力。華茲華斯把這種關係稱作：

一種感覺的力量，
超過人的一切估計。

隨便哪一種形式的誓約幾乎都有人打破過，但是一隻真正忠心的狗，牠的誓約卻是海枯石爛、此心不渝的。

我到現在為止認得的狗裡面，又以那些帶有狼的血統的狗最為忠實。北方的狼（wolf）過去曾和現代狗的祖先（養馴了的豺狼）雜交過，一般人常常誤以為大型的狗才是狼的後裔，其實大謬不然。根據行為模式的研究結果：所有歐洲的狗種，包括大丹狗（Great Dane）和獵狼犬在內，都是純粹的豺狗，頂多也只帶有一丁點兒狼的血液。現存純種狼犬只有在美洲極地裡才找得到，尤其是所謂阿拉斯加犬（malemut）。格陵蘭島的愛斯基摩犬（Eskimo dog）只有一點豺狼的特性；但是歐亞大陸極地裡的種種名犬，像

芬蘭的拉普蘭犬（Lapland dog）、俄國萊卡犬（Russian lajkas）、薩莫耶犬（samoyede）、鬆獅犬所帶的豺性就要比狼重，只是牠們把從狼那兒得到的特徵表現得格外明顯而已：幾乎全是高顴、斜眼、鼻尖微微上翹，和狼的臉部一個表情；不過就另一方面來說，牠們身上帶有豺狼的血液也是不容置疑的，尤其是鬆獅犬，牠著的暗紅色外衣就是明證。

狗最後到底怎樣選中牠的主人？人和狗之間的盟約到底是怎樣決定的？到現在都還是謎。我們只知道這種關係發生得很突然，尤其是那些從動物飼養所養出來的小狗，常常在短短幾天之內就選定了主人。就狗而言，這是牠一生中第一件大事。如果是豺種的狗，「擇主定盟」的時間，通常發生在牠八個月到一歲半大的這一段時期裡，如果是狼狗，大約在第六個月裡牠就會做決定了。

狗對於主人所以能矢志不貳，有兩種不同的因素。第一種因素是：每一隻野狗對於狗群之首天生就有服從和盡忠的精神，野狗受到馴養之後，漸漸就把這種盡忠領袖的精神一股腦兒的轉移到人的身上來了。

其次是，那些歷史較久的家犬除此之外，還添了另一種感情：如果我們把受馴已久的家畜和野生的同類相較，就知道家畜的身體構造和行為，和野生動物幼年時期的特徵相合。野生的動物一旦成熟，幼時的種種形相姿態就不再顯，但是家畜卻把這種種特徵永遠保留下來了。就狗來說，許多家犬都是短毛曲尾、耳朵下垂，腦殼的形狀像圓蓋一樣，嘴巴也短短的。除了外形之外，家犬的行為也保有幼狗的特色，野生的幼狗對於母親的愛雖然極其熱烈，但是成長之後這種依依之情就完全消失了；所有受馴已久的家犬卻把這項特色終生保留下來，只是對母親的愛現在已轉成對主人的愛了。

因此，對領袖的忠敬服從之心以及對母親的依戀信賴之情，轉移到主人的身上，就成為家犬的兩種不同的感情來源了。狼種的狗和豺種的狗性格上最大的不同就在這兩種情感分布的輕重上。就狼來說，群體生活在牠的生命裡占的重要性極大；但是豺狼就不然了，牠總是獨自出獵，而且老在一定的地方。狼群卻常從一地流徙到另一地，所有北部地方的森林都有

牠們的蹤跡。牠們彼此依賴，不論是禍是福都一起擔當，如果碰到危險一定互相衛護，甚至犧牲生命也在所不惜。一般人常常誤傳狼群裡的狼會互相吞噬，我有充分的理由相信這是無稽之談，因為拖雪橇的狗（狼的後裔）無論處在怎樣悽慘的情形下，甚至就要餓死了，也不肯做這樣的事。這是一種與生俱來的社會禁條，絕不是人教的。

沉默的排外主義，和對內的和衷共濟乃是狼的特點，所有狼種的狗都受這種特色影響，比起豺狗人盡可親的態度自然高明得多。無論是誰，只要牽住了豺狗的皮條，就是牠的主人，牠就聽話的跟他走。狼種的狗剛好相反，只要牠一旦認了主，永遠就是一個人的狗了，任何人對牠再好再巴結也沒有用，牠頂多對你搖搖牠的粗尾巴而已。凡是養過這種狗的人大概都有「曾經滄海難為水」之感，對於純粹的豺狗再也沒有興趣了。不幸的是，牠們這種矢志不移的特色也有好些缺點，最明白的一點自然是一隻長成了的狼種狗永遠不會成為「你的」狗，不過還有更糟的：萬一牠已經成了你的狗，而你又不得不離開牠，那就麻煩了。牠甚至會精神錯亂，無論是你太太還是你孩子的話牠都不聽，變得像一隻流浪在街頭的無主野狗，對於咬殺的自制力也沒有了，錯事一件接一件的做，在鄰近的區域內大肆劫掠。

除此之外，狼性較重的狗雖說比較忠心耿耿，對你的愛情也始終如一，牠們的服從性卻較差。失去你牠會死，可就算你下了死勁去教，也教不會牠聽你的話。至少我到現在為止，還沒有碰過一隻無條件聽我話的狼種狗——也許有比我好的狗主能夠訓練成功也說不定。就是為了這個原因，你很少會見到一隻中國鬆獅犬自動的跟在主人後面。同樣的，狼狗具備許多大型貓科肉食動物所共有的特性：牠固然會對你至死不渝，可絕不是你的奴隸。雖然牠活著不能沒有你，可是牠仍過著一種屬於自己的生活。

豺種的狗就不同了，牠們與人同居的歷史實在太久，由於長期馴養的結果，牠們對於主人始終存有孺慕之情，因此使得牠們較易控制得多。牠不像狼種狗那麼桀驁不馴、有丈夫氣，牠會日日夜夜、每分每秒的伺候你，等你的吩咐，滿足你最最細微的願望。你如果帶那種有長期馴養歷史的豺狗出去散步，就算牠沒有經過訓練，也曉得跟著你，不管牠跑在你的前面、後面或旁邊，都會和你保持一定的距離，隨著你的速度或快或慢。牠天生就比較聽話，這是說你一喚牠的名字，不管牠高不高興、願不願意，都會答應，因為牠知道：牠一定得來！你愈叫得急，牠愈來得快。但是一隻狼種的狗在同樣的情形之下，常常連理都不理，只是遠遠的對你擺出一

副友善的姿態而已。

豺狗的好處固然在於牠的性馴、脾氣好，不幸的是牠這種永久性的稚氣使牠的主人有許多不便：因為沒有超過一定年齡的小狗在同類的大狗看來，算是「大自然的禁臠」，不論牠多麼頑皮，牠們都不能咬牠。這些「大小孩」因此常常會對四周的人物過於輕信，而且見了人老喜歡糾纏不休，就像那些慣壞了的孩子一樣，見了每一個成人都稱他作「大叔」。無論是人也好，是別的動物也好，牠老要纏著他們要和他們玩。

如果這種脾氣一直不改，或者發展到極處，這隻狗就一點個性也沒有了。最糟的是，因為牠把每一個人都認作大叔，無論誰只要稍微對牠嚴厲一點，牠就由輕狂式的熱情一變而為奴隸式的服從，擺出一副受辱後的奉承樣子。幾乎每一個人都碰過這類不是跳上跳下把你纏個不休，就是賴在地上，四腳朝天對你搖尾乞憐的狗。牠總是直撲到你身上，把你弄得全身都是毛；等你實在被牠弄煩了，顧不得得罪女主

人的吼了牠一聲，牠馬上就可憐兮兮的滾到地上，把肚子攤開來，哀懇的向你求情。你過意不去，又想討好女主人，才好言安慰了牠幾句，牠已經一個箭步跳了起來，把你的臉整個舔了一遍，並且又膩到你身上來了。

像這種人盡可親的狗實在很容易上當，不管是誰，只要對牠好言好語，牠就相信他。不過，一隻這麼容易得到的狗在我看來實在沒有什麼意思，至少我是不要的。甚至有許多漂亮迷人的獵狗，在牠奔跑時，「牠的大耳俯垂，把早上的露珠兒一掃而盡」，也不合我的口味，因為不論是誰只要帶了槍，牠們就肯跟從他。原因很簡單，獵狗之所以得用，就是因為牠們能接受任何人做主人，不然的話受過訓練的獵狗也買不到了，你也不能把狗送到職業訓練所受訓了。

一隻狗一定要對訓練他的人絕對服從、絕對信任，才會接受訓練。因此，你如果把狗交給訓練師，等於從開始你就不要牠對你盡忠，就算這隻狗回來之後對你還是很親熱，你和牠之間的關係卻已經受到很嚴重的損害了。

如果你把一隻帶有狼的血統的狗送去受訓，牠要麼因為固執和羞怯的關係，什麼也學不會（甚至任性的處處和訓練師為難），要麼就乾脆把訓練師當作是牠終生之主了（這是說你把牠送得太早，當時牠還沒來得及定性）。因此，要買一隻訓練好了的狼種狗簡直是不可能的事。只要牠不和主人在一起，牠就是隻野狗，你無論如何在牠身上也找不出受過訓的影子。

狼種的狗一生只接受一個主人，這完全是無條件的；但是，要是牠一直不得其主，或者定主之後又失掉了主人，牠就會變得像貓似的獨立、自足，就算牠再跟人住在一起，牠也我行我素。大多數的北美雪橇狗都是這樣，如果沒有一個像倫頓一樣的知音去發掘牠們，牠們心靈的秉賦就一輩子埋沒下去了。

中歐的許多鬆獅犬也是一樣，因此，許多愛狗的人以及大多數的獸醫都討厭牠們。鬆獅犬很容易像我們前面說過的情形一樣「變貓」，這是因為牠們的初戀常常沒有結果，而

又不能再接受第二個主人的緣故。

一般說來，豺種的狗不管多麼忠實有骨氣（就拿德國牧羊犬或萬能㹴做例子吧），只要你在一歲前得到牠，就有辦法贏得牠的愛；但是你如果想要一隻鬆獅犬或是其他帶有狼的血統的狗對你矢志不貳，你就得親自把牠從小帶大，因為牠們定主的時期來得特別早。依我長期的經驗，要養這一類的狼狗大約四、五個月就要抱來了。其實這樣做並不像你想的那麼麻煩，因為和豺種的狗相比，牠們成熟得較早，很快就學會不隨地亂來的習慣。這種像貓一樣愛清潔的天性，實在是狼狗叫人最為欣賞的一點特色。

從我前面所做的狗性分析，也許讀者要以為我只喜歡狼種的狗了。其實不然，沒有一隻帶有狼血的狗能像我們的德國牧羊犬（豺種）這麼聽話的了。當然，只有狼種的狗才具有「猛獸」的高貴性格；說到對生人的傲慢、對主人的親愛以及牠默默表示的深情，都是豺類的狗望塵莫及的。不過我們可以想法子把這兩種性格組合起來；豺種的狗比狼狗馴養的歷史早好幾千年，要想後者一步就趕上前者，對主人的話唯命是從，幾乎是不可能的事。不過也許我們可以想出其他的法子。

幾年前我和太太各養了一隻狗，我的那隻就是前面提過的母牧羊犬「甜豆」，我的太太則養了一隻小小的母鬆獅犬「白姐兒」（Pygi）。兩隻都是純種狗，甜豆帶有豺狗的一切特徵，白姐兒則是一隻標準的狼狗。

我們常常各為己狗爭論不休：我的太太簡直就看不起我的甜豆，因為牠對來訪的客人個個親熱，不管什麼泥地水坑牠都會跑進去，弄上一身泥，再滿不在乎的跑進我們最好的房間裡。提起牠的衛生習慣也是上不得臺盤的，一旦我們忘了放牠出去，牠就會扯點爛汙。還有許許多多狼種的狗絕不肯犯的錯失，牠都會一犯再犯，我的太太常說：「這隻狗怎麼一點自己的意志都沒有？我看牠頂多只是你沒有靈魂的影子，看牠整天攤在桌子邊等人帶牠出去散步，簡直是煩死了！……這種狗！」

我於是也投桃報李的回她道：「養狗的目的就是要牠聽妳的話，一隻不曉得陪主人散步的狗我才不希罕呢！妳每次帶白姐兒去林子裡逛，有幾次牠是跟妳一道兒回來的？牠總是自顧自的打獵去了，如果講乾淨、講神氣，暹羅貓比牠還神氣、還

乾淨呢！妳幹嘛不養隻貓？白姐兒根本不是狗，牠只能算半隻貓！」我太太就回嘴了：「白姐兒不像狗，甜豆又像狗了？牠頂多只能算是個小說人物，維多利亞式的小說人物，一個感情用事的傢伙！」

像這樣半真半假的爭吵，後來竟找到一個最自然、最好的結論。原來甜豆的兒子「卜比」（Booby）竟和白姐兒配了對。我的太太自然是滿心不願意，她只想養純種的狼狗。但是我們後來發現狼種的母狗還有一項出人意外的性格：幾乎個個都是不嫁二夫的烈婦，我的太太帶著白姐兒幾乎相盡了維也納的鬆獅犬，希望她會碰上一隻中意的，結果是一點用也沒有。凡是來求親的公狗都被牠咬了回去，牠只看得上卜比。一直到最後，這一對彼此傾心的情狗才算如願；原來我們把白姐兒關在一扇木門後面，卜比卻破門而入，把牠從裡面擄了出來。

就這樣，由於白姐兒對好脾氣的卜比所表示的真愛，我們家的狗以後都是鬆獅犬和牧羊犬的新種。請讀者千萬容許我把後來發生的結果，忠實的記載下來，我原先想寫：「經過我對狗性的細心分析，發現最好是能合兩者之優，使帶有狼血的狗和豺狗雜交。雖然一般說來，雜種狗常常遺傳到父母的壞處，我們家的雜種狗卻正好相反，大大的超過了我們原來的預想。」這一段報導雖然是真的，我卻要聲明整個事情的發生，並沒有經過我們預先有意的安排。

目前，我們家的狗只帶有一點牧羊犬的血統，這是因為牠們在上次世界大戰曾經有兩次和純粹的鬆獅犬交配過。當時我並不在家，是由我太太獨自決定的。話說回來，這也是不可避免的事，如果不這樣做，牠們就只得近親交配了。照現在的情形來看，甜豆的影響主要是在牠們的心理狀況上，因為這些狗比純種的鬆獅犬熱情得多，而且也比較容易訓練。如果從外表看來，大概只有專家才能在牠們身上找出一點牧羊犬的影子來。現在牠們既然都熬過了大戰，我有意使這一支混血狗種繼續綿延下去，希望將來能夠養出一隻性情完全理想的狗。

狗的種類已經很多了，現在又添一個新種是不是必要呢？我認為是的，因為除了小部分特殊的例子，像獵人和警察，他們需要狗幫著做事，一般人養狗幾乎純粹是為心理上的理由。狗帶給我的樂趣，和渡鴉、雁鵝以及其他認得我、陪我散步的野生動物所給我的樂趣，性質完全相同，牠們使我覺得自己和那默默運行的大自然，又重新建立了交情。

人類為了得到文明和文化的超然成就，就不得不有自由意志，更不得不切斷自己和其他野生動物的聯繫。這就是人所失掉的樂園，也是人為文明不得不付出的代價。我們對於世外桃源的嚮往，不外是我們對這條斷了的線頭所表示的一種半知覺式的依戀。因此，我認為理想的狗一定不能是時髦的產物，而是一隻活的動物，牠既不是科學上的奇蹟，也不是飼養所裡變出來的新花樣，而是一隻沒有受過糟蹋的自然活物。不幸的是，絕大多數系出名門的狗偏偏就少了這點靈性，尤其是有些熱門狗，配種的目的完全是為了外形好看。

所有經過這種飼養程序的狗種都成了繡花枕頭，智力和心靈都受到虧損。我因此想反其道而行，目的是要養出一種狗，這種狗具有狼種狗和豺種狗一切好的心性。我想養出的這種狗，應該是那些可憐的文明人最期待和需要的！

我們還是老老實實的承認了吧！用不著欺騙自己說養狗的目的是要牠看家，就算牠不看家，我們也還是需要牠的。我尤其在流浪到異鄉的時候特別懷念我的狗，只要想到牠活著就使我心安，這就和兒時的回憶或家鄉的景象作用一樣。在征逐神勞的現代生活裡，一個人實在需要某樣東西偶爾提醒他一下，幫助他明心見性。做這件事的大概再沒有比那「後面跟著的四隻腳」更理想、更善慰的了。

第十一章 老家人

如果有樣東西因為我們的關係
能活能動，能對未來有所助益，
那就夠了，我們就算盡了力。

——華茲華斯，《追想》（*After-Thought*）

秋風在煙囪裡唱著山雨欲來的前奏，書房外面的幾棵老樅樹（fir）起勁的應和著，雖然隔了兩層玻璃窗，我還聽得見牠們的嗚咽。突然，從格子窗構成的畫框裡，有一打流線型的黑色小彈從上方直墜而下，重得像石塊。就在牠們快碰到樅樹尖的當兒，牠們的翅膀打開了，立刻就變回了鳥身，像飛絮一般輕巧，轉瞬間就被狂風捲得不見蹤跡了。

我走近窗口，注視這些穴鳥在風中玩的把戲。

只是把戲嗎？一點不錯，牠們的這些動作都是練習了許久才學會的，完全是為了遊戲而遊戲，並不是為了達到某種目的才做的。諸如對風向的利用，對距離估計的準確，以及對當地氣流的深切了解——尤其是上旋流、下降流以及氣旋的分布情形。這一切的知識都不是生來就會的，而是每一隻鳥自己體會出來的。

我們且看看牠們怎樣舞雲弄風吧！初見之下，我們這些可憐的人一定會以為是

暴風雨在玩弄牠們，就像貓玩老鼠一般；但是只要我們再耽久一些，就會發現原來老鼠的角色竟是由急風驟雨扮演的。這些調皮的穴烏對待風暴，完全與貓對牠不幸的獵獲物一般無二，牠們總是故意的讓一點步——只是一點點兒，剛好讓風暴把牠們捲在掌中，倒擲到天上去。等到牠們高得不能再高了，突然間，只見牠們反著風向，略微張了張翅膀就反過身子來了，並開始向下直衝，比掉下來的石子還要快、還要急。又一振翅，牠們就已回復到先前的姿勢了，然後牠們把翅膀收緊，用閃電一般的速度衝過了風的威力，向西又滑了好幾百碼。

這一整套的快動作完全是以玩笑的姿態完成的，一點也不費力，好像故意要氣那陣不自量力的笨風，竟想把牠們趕到東邊去！其實當時的風速真是非同小可，少說每小時也有八十英里，但是這些穴烏卻滿不在乎，牠們只懶懶的換了幾個姿勢，就把那個看不見的怪物征服了。這才是活的生物對孔武有力的無生物的一種勝利的嘲笑呢！

從第一隻穴烏在艾頓堡出現到今天，已有二十五年了，這種帶有銀光眼睛的小鳥也已深獲我心。這和我們生命中其他的戀愛事件非常相似，在我初次和穴烏打交道的時候，一點也沒想到牠們會成為我最喜愛的玩伴。牠就坐在我兒時最喜歡光顧的一家家禽店裡，直到現在，這個迷人的小店還使我眷念不已；牠坐在一個暗暗的籠子裡，我只花了四個銅板就把牠買了下來，當時我並沒有想到拿牠來做研究的對象，不過看到牠那黃邊大口，我忽然衝動的想好好餵牠一頓，準備一旦牠能夠自立的時候，就把牠放走。後來我也的確這樣做了。完全沒有想到經過了一次可怕的大戰，當我養的其他的鳥和動物都走了，這些穴鳥卻還在我的屋簷下做窩。

再沒有第二種禽或獸對我的一點慈悲之心，報答得這樣重。

穴鳥的社會和家庭生活極其進步，只有極少數的鳥——事實上只有極少數的高等動物（那些營群體生活的昆蟲除外，牠們所屬的類別不同）能夠和牠們並肩齊步。因此，也只有很少幾種幼小的動物會和穴鳥的幼鳥一般，那麼無助、那麼絕對的依賴牠的養育者。

我養的這隻小鳥，在牠翅膀和尾部的羽毛剛一變硬能飛的當兒，忽然對我生出一股強烈的孺慕之心。牠連一秒鐘也不肯離開我，跟著我從一間房走到另一間，只要我有一刻不在，牠就急急的呼喚我。我替牠取名「嬌客」（Jock），因為牠的叫聲就是如此。直到今天，我們還保留這個傳統，凡是由我們隔離養大的第一隻新種幼鳥，都是照牠的叫聲命名。

一隻這樣年輕、羽翼已完全長成的小鳥，對牠的飼主又是如此情深，實在是個再好也沒有的觀察對象了。你可以帶牠到外面去，就在牠的旁邊看牠飛，看牠找東西吃。因為沒有鐵絲籠子隔在你們中間，你可以在最最自然的環境裡觀察牠的一切習慣。那年（一九二五年）夏天，我從嬌客身上學到的有關動物天性的知識，是我以後從任何禽獸那兒學到的知識萬萬趕不上的。

也許是由於我特別會模仿牠的叫聲，牠鍾愛我勝於任何人。我可以帶牠出去散步，甚至騎腳踏車走長路，牠總是飛在我的後面，緊緊的跟著我，和狗一樣忠實。雖然牠認得我，同時，喜歡我勝過別人又是毫無疑問的事實，但是在我們散步的當兒，若有人走得比我快，尤其是超過我，走到我的前面去了，牠就會離開我去跟著那個走得快些的人。年輕的穴烏對於離牠遠去的東西有極強的追趕慾望，幾乎像反射作用一樣。一旦當牠真離開我了，嬌客馬上意識到自己的錯誤，立刻又快快的趕回來。後來等牠大些了，牠漸漸學會抑制這種追趕生人的衝動，即使那人實在走得很快，牠也不跟了。不過我注意到牠每次都會情不自禁的輕輕一動，好像要趕過去的樣子。

如果有一隻或數隻當地常見的戴冠烏鴉打我們前方飛過，那牠要克服的心理障礙就更嚴重了。對於穴烏來說，鼓動著的黑翅膀很快在遠方消失，似乎是不可抗拒的誘惑。我的這隻小鳥雖然有過好幾次慘痛的經驗，始終沒法抑制這種追趕過去的衝動，牠常常盲目的追隨那些誘牠遠去的烏鴉，我認為牠沒給弄丟真是運氣。

最奇怪的是牠對這些烏鴉降落之後的反應了，只要那些鼓動著的黑翅膀一旦停頓下來，魅力也就完全消失。雖然一隻飛著的烏鴉對牠有極其強烈的誘惑力，一隻歇著的烏鴉卻引不起牠一點興趣，只要這些烏鴉一旦著了陸，牠就再也不想跟牠們在一起了。這時牠會覺得寂寞，便開始用那種走丟了的小鳥呼喚父母的落寞調子，大聲的喚起我來。

每次牠一聽見我回答的聲音，就會很快的朝我飛來。牠的動作那麼堅決，以致其他的烏鴉也都跟著牠一起飛回我的身邊來。有好幾次，牠們跟牠跟得太緊了，以致衝到我身上才發現我的存在，這一嚇對牠們真是非同小可，只見牠們一個個像逃難似的都飛走了。我的嬌客，見到牠們搧動的翅膀禁不住又跟著牠們去了。後來我學乖了，為了避免這種無謂的麻煩，我總盡量使自己目標顯明，在這些烏鴉還沒撞到我身上之前，就使牠們意識到我的存在，不致突然受驚。

幼鳥的行為有些是「生而知之」，有些是後來學會的，這種因素就像一件剪嵌細工的各樣原料，自然會拼湊成一個完美的模式。但是人手養大的小鳥有些部分就不那麼協調了，所有與遺傳無關而由個體的經驗學得的社會行為反應，都會受到不自然的影響，換句話說：牠的許多行為都變成對人而發，染上了人的色彩。

吉卜林筆下的「毛里」（Mowgli）因為在狼群裡長大，就自以為是狼不是人。嬌客如果會說話，一定也自以為是人不是鳥，只有當牠見到一對鼓動的黑翅膀時，才會自然的發出本能的共鳴。牠知道這是「跟我們一齊飛吧」的意思，因此，嬌客從不知道自己是隻穴鳥。由於戴冠烏鴉是第一種喚醒牠的群性的鳥，所以在牠飛行的時候，牠總以為自己是隻烏鴉；當牠在地上行走的時候，牠又覺得自己是人了。

當愛的感情在毛里身上覺醒的時候，一種強烈的慾望促使牠離開狼群回到人的社會裡。毛里原先自以為是狼不是人，這雖是詩人的假設，卻有其科學上的理由。因為有許多事實都讓我們相信，不論是人還是大多數其他的哺乳動物，往往會選擇那些與牠根深柢固的天賦聲氣相同的角色，做為牠性愛的對象。經驗並不

能告訴牠該和哪類的人物戀愛——有好些鳥都是這樣的，凡是與牠的同類隔開養大的鳥往往不知道自己是禽獸，換句話說，不但牠的社會行為換了對象，甚至性的需求也會轉移到那些曾與牠的幼年有密切關係的人物身上。因此之故，凡是由人親手養大的小鳥，在春情發動的時候，常常會選擇人做為牠的終生伴侶。

這種情形在人手養大的家燕群裡尤其普遍。羅馬時代許多縱情聲色的貴婦人，常常喜歡養公的家燕，就是為了這個原因。卡圖盧斯（Catullus，公元前一世紀的羅馬詩人）還特別寫了一首小詩歌頌這件事呢！其實像這一類的怪事，例子實在太多了。我有一隻母鵝，牠是一窩孵的六隻小鵝裡唯一的生還者，其他的鵝都死於肺病，所以牠是在雞群裡長大的。雖然一到時候我們就替牠買了一隻漂亮的公鵝，牠自己卻看上了一隻公雞，一天到晚跟著牠向牠示愛，又不許牠和別的雞配，醋勁大得很，自始至終都不把那隻公鵝放在眼裡。

另一個悲喜劇的男主角是隻可愛的孔雀，屬於維也納的休柏倫動物園，與牠同窩孵出的孔雀因為寒流來襲都死光了。那時正是第一次世界大戰之後，動物園的管理人為了救牠，就把牠放在園子裡最暖的一間屋子裡，和巨大的海龜在一起。後來終其一生，這隻不幸的鳥只肯把那些巨型的兩棲爬蟲當作牠慾念的對象，再美再迷人的母孔雀也引不起牠一點興趣。

像這種把性慾固定在一個特定而不自然的目標上，始終沒法子改過來，似乎是這類例子的通性。

嬌客長大成熟之後，就愛上了我們家的女傭人。女傭人後來結了婚，不在我家做事了。幾天之後，嬌客忽然在兩英里外的鄰村裡看到她了，牠馬上就搬到她住的地方，只在晚上回來睡覺。

六月中旬，穴烏交配的季節過去之後，牠忽然回來了。那年春天，我另外又養了十四隻小穴烏，牠一回來就領養了其中一隻。嬌客對待牠的養子和一般正常的穴烏對待子女完全一樣。父母對子女的態度必定是一般禽獸的天性。拿穴烏來說，如果牠對小鳥的反應不是本能的、與生俱來的，當牠初次見到自己的孩子時，不但不知道怎樣照顧牠們，甚至還會將牠們撕成碎片，一口吞掉，就和牠碰到別的與小鳥同樣大小的活物時一樣處置了。

另外還有一個一般人常有、而我現在得特別加以剖明的錯誤觀念，就是「異性相吸」的說法。直到嬌客長成之前，連我也是這樣想的。但是從嬌客對我家女傭的種種追求舉動看來，我一向以為的「牠」竟是隻雌鳥！她對待這位女士的態度完全和一隻正常的雌鳥對待她的伴侶一樣。

我們常常以為雌性的動物會特別喜歡男人，雄性的動物喜歡女人；其實就鳥類而言，甚至就鸚鵡而言，這種異性相吸的說法完全沒有根據。後來有一隻養馴了的雄穴烏就愛上了我，牠把我當作雌的穴烏一般看待，時機一到，這隻穴烏就想把我引進牠造好的只有幾英寸寬的窩裡。後來又有一隻養馴了的雄燕，也是為了同樣的緣故，想把我誘進我自己的背心口袋裡。

前面說的那隻穴烏更荒唐了，牠固執的、一再的用牠找來的美食餵我，最了不起的是牠竟能認出我的嘴也是攝取食物的

入口處，每次只要我對牠張開嘴來，同時發出懇求的聲音，牠就開心得不得了。這對我實在是一種自我犧牲的舉動，因為要假裝喜歡牠餵給我的佳餚——一種由穴鳥的唾液和咬碎的小蟲混成的爛糊，實在不是一樁易事。牠又非常殷勤，每隔幾分鐘就要來餵我一次，所以你們一定能夠了解我不是次次都肯合作的。每當我拒絕牠、不肯對牠張嘴的時候，就得分外當心自己的耳朵，不然的話，馬上就有一堆暖熱的蟲漿一直塞到耳鼓裡。原來穴鳥在給牠的妻子和孩子餵食的時候，總是用舌尖把嚼碎了的食物一直塞到對方的喉嚨裡面。幸好這隻鳥總是先試我的嘴，只有在我不肯張嘴的時候，才會想到去動我的耳朵。

一九二七年的春天，我又在艾頓堡添養了十四隻小穴鳥。這是因為嬌客有許多本能的動作，以及牠對人的反應（把人當作同類的替身），都使我深感不解。這種種舉動就傳宗接代而言，實在沒有意義，我因此起了強烈的好奇心，

決心窮源探本，想養馴一整群自由飛翔的穴烏，仔細研究牠們的家庭生活和社會行為。因為牠們只有幾個月大，我實在沒法像前一年養嬌客一樣，把這些小穴烏一隻隻分開帶大。而且從嬌客那裡，我知道這些小鳥的方向觀念極差，我得想出個好法子把這一群小鳥限制在一定的地方。

經過一再的考慮，最後竟讓我想出一個非常令人滿意的解決辦法：就在嬌客睡覺的閣樓天窗外面，我做了一個長而窄的露天鳥籠子。這個大籠子雖然只有一碼寬，卻和我們的屋子一樣長，我並且把它隔成兩個差不多同樣大小的套間。

開始的時候，嬌客很不喜歡我們在牠住處附近大動土木，過了好久好久，牠才對這棟新建的樓房不再敵視，並且開始自由自在的從鳥籠子第一個套間的活門進出。直到這個時候，我才把小鳥放進新房子裡。我在牠們的腳上分別套上顏色不同的錫環，所以辨認起來非常容易。等牠們在籠子裡安頓下來之後，我又把牠們誘進靠裡邊的一個套間，只留下嬌客和兩隻最馴的小鳥——「藍藍」和「紅藍」在外面有活門的小屋裡。我這樣安排的緣故，是希望那幾隻能夠自由進出的鳥會因為裡間同伴的關係，不致高飛遠走。

我前面提過，嬌客湊巧就在這時領養了其中一隻小穴鳥「小金」。這對我將做的實驗實在大有幫助。我所以沒把小金放在外面，就是希望嬌客會為了牠而留在我們的屋子附近，不然的話，牠很可能帶著羽翼已全的小金，一起飛到鄰村去尋找我上文說過的女傭人了。

我原以為這些小鳥會跟著嬌客隨牠飛翔，就像牠從前跟我一樣。事實顯示，我的想法只對了一半；我把活門一打開，嬌客就一陣風似的衝出來了，才幾秒鐘的功夫就不見了蹤影；至於另外的兩隻小鳥，因為對忽然大開的籠門不慣而有懼意，過了好久才敢從裡面飛出來。嬌客恰在這時颼的一聲飛轉了來，牠們雖然很

想跟牠，但是學不會牠的急轉彎和橫衝直闖，只一忽兒就落了單。像這種不體貼的態度是一般做父母親的穴鳥絕不會犯的，牠們在帶孩子出去試飛的時候，總是盡量避免花式飛行。

後來我把小金放出來的時候，嬌客就不像這次這麼魯莽了，牠慢慢的飛，絕不用難動作，而且常常回頭看牠是不是跟著。但是嬌客對其他的小鳥一點興趣也沒有，這兩個笨孩子顯然也不知道認牠作老師，學學牠的世故和經驗，反而愚蠢的互相把對方當作嚮導，一下子這個跟那個飛，一下子那個又跟這個飛。像這樣漫無目標的迴旋，不要多久，牠們就會找不著路回家了。因為在迴旋的當兒，牠們常會不自覺的愈爬愈高，而牠們的年紀又小，完全不會直線下降，所以爬得愈高，以後降落時離開家也就愈遠。

我養的十四隻穴鳥中間有好幾隻都是這樣丟掉的。如果有一隻上了年紀、經驗豐富的大鳥看著牠們，尤其是隻公的大鳥，這種情形就不會發生了。只是當時我並沒有這樣的一隻鳥幫我的忙。

缺少帶頭的大鳥在穴烏群裡，還有一樁更嚴重的後果：原來年輕的穴烏不像大多數其他的飛禽，天生就曉得怎樣應付威脅牠生命的強敵，在第一次見到貓、狐狸或松鼠時，就知道立刻逃開。一般的飛禽不管是由人還是由自己的父母養大，對敵人的反應都是一樣，再小的鵲子也不會輕易讓貓抓著。

如果我們拴著一張紅棕色的皮在池塘邊慢慢的走，一隻由人親手餵大、最最馴良的水鴨子看見了，也會警戒的逃開。從牠對待這個偽裝的幌子的態度，你可以看出牠對於牠的死敵——狐狸的模樣清楚得很，牠會緊張而小心的逃進水池子裡，眼睛動也不動的死盯著牠的敵人，隨便狐狸走到哪兒，牠就在水裡跟到哪兒，同時不斷的發出警戒的叫聲。牠知道，或者應該說牠先天的反應就知道，狐狸既不能飛，也不能在水裡趕上牠。所以牠就跟著狐狸，把狐狸看得緊緊的，並且大聲示警，藉此防止狐狸偷襲。

認識敵人雖然是水鴨子和多數飛禽的一種天賦本能，年輕的穴烏卻要學而後知。難道牠們這方面的知識都是自己的體驗嗎？並不。最叫人拍案驚奇的是：牠們傳遞知識的辦法竟和人相像，是將

個人的經驗累積起來，再一代代傳下來的！

說到認識敵人，穴烏的種種反應裡面只有一種是天生的：任何活物只要帶著一個黑而擺動著的小東西，就成了牠們攻擊的對象。牠們在進攻時還會發出一聲刺耳的尖叫，這種金屬一般的、有回聲的大喊就連人耳聽來，也知牠們是怒極而發；同時牠的整個身子都向前傾，翅膀半張，震動得非常之急。

如果你有一隻養馴了的穴烏，也許可以偶爾把牠抓在手中放進籠裡，或者替牠剪剪過長的爪子。但是如果你養的是兩隻穴烏，可就得特別當心了。嬌客雖然馴得像隻狗，也不在乎我碰牠，但是自從小鳥進了門，牠的態度就整個變了：不論在任何情形之下，牠都不許我碰一碰這些小而黑的雛鳥。

第一次我想都沒想就這樣做了，雛鳥剛一到手，我就聽到後面發出一聲響亮、尖銳的鬼叫，一支黑箭就已擦過肩頭從上方射到我的手上了。驚愕之餘，我才發現

手背上已經有了一個圓洞，還在流血哩！僅從這次的攻擊，我們就可以看出牠們這種本能的衝動多麼盲目、多麼強烈了。其實那時嬌客對我忠心得很，非常討厭這新來的十四隻小烏（牠收養「小金」是後來的事），我得時時留心不讓牠走近牠們——如果我不在旁邊，大概只要幾分鐘的時間，牠就能把牠們一一啄死。雖然如此，當牠見到我抓一隻小鳥的時候，還是忍不住出來干涉。

那年暮夏，又有一次偶然事件，使我對牠們這種反射作用的盲目，了解得更清楚。有一天傍晚，天都要黑了，我才從多瑙河游泳回來，和平時一樣，我趕緊走到閣樓呼喚這些穴烏回家，並且把牠們關進籠子裡好過夜。這時，我忽然發現褲子口袋裡有樣又冷又溼的東西，原來在匆忙中我把脫下的黑色泳褲塞在襯褲裡了。我隨手就把它拉了出來——下一分鐘，一群盛怒的穴烏已經吵吵嚷嚷的圍住了我，同時我那隻拿著泳褲的手臂也已被牠們啄得鮮血淋漓！

牠們對我手裡拿著的其他黑色物件所起的反應，也是很有趣的。我的那個又大、又老、專照野生動物的照相機，雖說也是黑的，而且我就提在手裡，卻從來沒引起牠們任何騷動；但是，每次只要我把包底片的黑紙卷抽了出來，任由它在風中飄動，牠們立刻就會對我起鬨。

雖然這些鳥都知道我沒有惡意，把我當朋友，可是一旦我的手中拿了一個擺動著的東西，牠們就為我戴上一頂「兇手」的帽子。最稀奇的是這種情不自禁的直接反射，甚至會施之於穴烏自己身上。有次我就看到牠們對一隻母穴烏起鬨，因為牠想把一根渡鴉的斷羽帶回窩裡。不過就另一方面來說，如果你抓在手中的是一隻還沒長毛、也還沒有變黑的雛鳥，這些養馴了的穴鳥就不起鬨，也不攻擊你了。

這件事後來經過我實驗證明：我養的這一族穴烏裡不久就有兩隻鳥——「綠金」和「紅金」開始伏窩，牠們那時已經完全養馴，常常自動停在我的頭上或肩上，也不在乎我撫弄牠們的巢，或在旁邊觀看牠們的一切活動。有天，我把剛剛孵出的雛鳥從窩裡移出，托在掌上，送到綠金和紅金的面前，牠們竟然一點都無

動於衷。可是就在小鳥的毛冒出頭來、顏色轉黑的那一天，我的手才剛剛伸出去，就受到一陣猛烈的攻擊。

通常經過一次嚴重的哄鬨或攻擊之後，這些穴鳥就會對引起爭端的人或動物完全失去信任，並且充滿敵意。這種燃燒似的激情，很快的就在牠們的腦海裡刻下不可磨滅的記號，牠們立刻就把「穴鳥在敵人的爪牙裡」這個危險局勢，和犯案的罪犯連在一起了。如果有隻穴鳥對你哄擊過兩三次之後，你和牠之間的友好關係就算永遠完了。從現在開始，牠一見到你就會對你大罵，即使你手裡並沒帶著一個黑而擺動的東西。你的頭上已經有了「兇手」的記號，而且別的穴鳥聽見了牠對你的叫罵聲，都會無條件的相信牠，你的罪狀是再也洗刷不清了。

「起鬨」的傳染力是極大的，它可以使聽到的鳥立刻加入出擊的行列，就和親眼看到敵人犯罪一樣有煽動性。如果你帶著一種「可疑物件」被牠們撞見過兩三次，僅僅是一兩隻鳥的「蜚短流長」，就可以使你在整個穴鳥群裡聲名狼藉。牠們的壞話傳起來比野火還快，恐怕你連知都不知道，就已經成了牠們「個個喊打」的對象了。

上面說過的這些行為在鴉科（Corvidae）裡（包括穴鳥、烏鴉、渡鴉、白嘴鴉、紅嘴山鴉等）幾乎都是事實。我的老友格瑞麥博士（Dr. Kramer）就有過這樣的經驗。他有一隻養馴了的烏鴉，因為他常常讓牠歇在肩頭上，帶牠出去玩，鄰近的烏鴉卻把格瑞麥當作是偷鳥的壞人。牠們的觀點顯然和我養的穴烏不大一樣，我的穴烏並不因為小鳥自動停在我的肩上，就對我大起反感。但是烏鴉就不同了，牠們並不知道這隻停在格瑞麥身上的烏鴉是自願的，以為他是一個滿身血腥、罪孽深重的慣賊。沒有多久，遠遠近近的烏鴉幾乎都認得他了。後來不管那隻家養的烏鴉有沒有跟著他，附近的烏鴉群都會對他追擊，即使他換了不同的衣裳也還是會被牠們認出來。

由這些事件可以看出，烏鴉這一屬的鳥對於獵人和「無害的」人分辨得很清楚。一個人如果拿著一隻死烏鴉被牠們撞見了一兩次，以後就是不帶槍，牠們也不會把他的模樣輕易忘記。

這種「哄擊」反應的原有價值，一定是想把同伴從敵人的爪牙下救出；就算這個辦不到，也可以殺殺敵人的氣焰，使他以後再也不敢捕殺穴烏。雖然蒼鷹（goshawk）或其他的敵禽猛獸並不會因為這群小鳥的哄擊而受阻，但只要敵人能對別的獵物更中意一點，牠們的這種特別反應就算達到了保護的目的，有其存在的價值了。所有與烏鴉同屬的鳥都非常老於此道，甚至有些小型的歌鳥，也會用相同的動作逐敵。

隨著社會關係的發展，這種原來為了「衛親保種」所起的自然反應，又添了一層新的、更重要的意義：可以教會那些年輕和沒有經驗的幼鳥怎樣認識敵人。這項作用在穴烏的生活圈子裡更是特別重要，因為辨別敵友不是牠們與生俱來的本能，完全是

學來的知識。

　　我不知道自己把牠們這種了不起的能耐說得夠不夠清楚：這是一種生下來並不懂得認敵的動物，可是同族中上了年紀、有經驗的長者卻會告訴牠們，哪一類的東西不可信任而應該避開。在穴烏的社會裡，我們可以找到真正的傳統，因為牠們知道把個人得到的知識一代代的傳下去。

　　人類的孩子應該學學這些年輕的穴烏，牠們從不自作聰明，總是牢牢記住父母的好意忠告。如果有幼鳥認不得的強敵出現，只要有隻帶頭的老鳥發出一聲狠叫，這些小鳥馬上就把牠的警告和這個特殊敵人連在一道了。在穴烏的自然生活裡，我想幼鳥不但少有機會、也不需要真的看到一個手裡拿著個黑東西的敵人，才會辨敵，牠們總是一大群一大群的飛，這裡面總有一隻鳥會在敵蹤初現時出聲示警。

　　牠們傳遞知識的方法實在太像人了，不過就另一方面來看，沒有經驗的幼鳥，對於某種視覺感應所生的反射作用，也實在是太盲目了。話說回來，我們人不也有這類盲目的、本能的反應嗎？當我們聽慣了一種宣傳之後，即使是敵人的假象也會使我們憤氣填膺呢！這和穴烏看到了黑的泳褲就起鬨又有什麼分別？要不是這樣，世界也不會老是有戰爭了。

可是我養的十四隻穴烏，卻沒有一隻世故、深沉的老鳥教給牠們應付危機的方法。這些胸無城府的笨孩子，沒有大鳥出聲示警，甚至會讓貓兒搶到身邊也不知道迴避。牠們還會飛到狗鼻子上停住，以為牠也像人一樣友善，沒有惡意。所以無怪乎在我把牠們放出籠的最初幾個星期裡，這群鳥的數目大減。

我一發現原因，就把牠們自由活動的時間改在大白天裡，這時大多數的貓都不在外面，危險也較少。只是我得費許多時間和氣力才能把這群鳥在夜幕低垂之前，適時叫進籠裡，簡直比「看守一袋跳蚤」還麻煩。因為怕引起哄擊，我又不敢碰到牠們。每當我好不容易把一隻鳥哄上了手指送進籠裡，就有另外兩隻鳥乘空飛了出來；即使我把靠裡間的籠子當作活門，只許進不許出，每天晚上至少都要花掉我一個鐘頭的時間才能把牠們一隻隻都收進籠裡。

我的確是費了許多時間和精力，才使這群穴烏在艾頓堡安頓下來，如果把牠們毀壞了的屋頂也算在內，錢也花了不少。不過，我前面說過，這種種麻煩後來都得到了補償，這一群完全自由而又對人絕對信賴的穴烏，真是再好也沒有的觀察對象了！那時候我根本用不著先看錫環的顏色，光從牠們的臉部表情就能認出誰是誰來。

這自然不能算是了不起的成就：幾乎每一個牧羊人都認識他的羊，我的女兒愛麗五歲的時候，就能辨識附近所有的野鵝。我和這群鳥的關係如果不是這樣親切，也就沒法知道牠們社會生活的祕密了。

親愛的讀者，你們知道一個人要花多少時間、觀察多久，才能把一群為數約三十的穴鳥熟記於胸嗎？不過，要想真正了解某種動物的生活習慣，唯一的方法就是和牠們生活在一起。

是不是屬於同一群的動物都彼此認得呢？這是一定的。雖然有許多博學的動物心理學家表示懷疑，甚至絕對否認這是事實，我卻可以向你保證：我這一隊的每一隻鳥都是彼此認得的。這個事實可以從牠們的階級制度有力的顯示出來。

動物心理學家把動物社會的階級制度稱作「啄序」，幾乎每一個養雞的農人都知道雞群裡面是依強弱而有固定的秩序的，照地位分成甲乙丙丁……各級。每一隻鳥都知道自己的身分，見了地位比自己高的就表示敬意。地位的高低又是爭出來的，像這樣的爭論雖然不一定會導致嚴重的打鬥，但是每隻鳥卻由此知道自己坐第幾把交椅。

在定位的時候，體力的強弱並不是唯一的標準，其他如勇氣、精力，甚至自信心的強弱都是重要的因素。

牠們這種階級制度又是極端保守的，如果在一次爭論之中一隻動物理虧，以後只要有牠的「上級」在座，牠就一點也不敢放肆。那些比較高等、最有智慧的哺乳動物也是一樣，已故的申霍漢斯坦公爵（Count Thun-Hohenstein）有一隻精力十足的大型尼米猴（Nemestrinus monkey），終其一生都臣服於一隻較老的爪哇猴（Javanese monkey）的淫威之下——雖然這隻爪哇猴只有尼米猴一半大，因為尼米猴小時淨受牠欺侮，所以大了還是怕牠。

在動物的社會裡，廢舊王立新君總是一個極其戲劇化的過程，而且常常以悲劇結束，尤其以狼群和拉雪橇的狗群為然。倫頓在他的幾本以極地為背景的小說裡，描寫得非常清楚。

但是穴烏所組成的鳥隊，因定位而起的爭執卻有一點和雞群大不相同。凡是那些隨隨便便聚在一起，而實際對群居生活並不熱中的動物，像雞群、

大籠子裡關的各種歌鳥，牠們「下層分子」的生活都是很悲慘的。地位高的對地位低的極盡蹂躪之能事，位置愈低，被啄的機會就愈多，被啄的程度也愈是厲害。有的做得太過分了，因此有些可憐蟲受不住各方面的虐待，在吃不飽、睡不足的情形之下委靡至死。

穴鳥的情形卻完全相反，高階層分子，尤其是坐第一把交椅的老大，對待下民常是愛憐有加；牠只在見到地位僅次於自己的下級時，才會冒出三丈無名火來——這種情形在帶頭的大哥和覬覦王位的老二身上尤其顯著。

我且說個實例吧：一隻穴鳥正坐在一大盆食物的旁邊用餐，第二隻鳥就過來了，牠的頭舉得高高的，一副自我炫耀的樣子。第一隻鳥只是輕輕的向旁邊挪過一步，仍舊繼續吃牠的東西。就在這時，又來了第三隻鳥，牠的態度謙和得多。但奇怪的是，第一隻鳥一見牠來就飛走了，第二隻鳥卻不然，牠馬上擺出一副威脅的架勢，顫動身子，豎起背毛，並狠狠的對來者發動攻擊，直到把牠趕跑才算了事。

像這樣的行為，一個逢場作戲的觀察者，也許不能察知端倪。我的解釋是：最後一個到達現場的鳥，牠的地位正處於前二者之間，高到可以使第一隻鳥見了牠就怕，低到可以引起第二隻鳥的怒氣。

一般說來，高高在上的穴鳥對待屬下最是謙恭和氣了，牠認為牠們是腳底下的塵

灰，不屑與爭。我們剛剛瞧見的自炫態度純粹是一種形式，而且只有在和屬下太接近時，居上位的鳥才會顯出威脅的態度。不過真正動武的事可說少之又少。上層分子對下層分子的敵意，完全和後者地位的高低成正比，這雖然是一種非常單純的行為，卻使隊員彼此之間的爭執得到公允的拉平。

憤怒和攻擊的姿勢是有刺激作用的，即使不相干的閒人有時也會受到撩撥。我每次碰到有人在擁擠不堪的公共汽車裡大聲吵嘴，就恨不得過去給他們一人一記耳光。那些位高權大的穴烏顯然也有同感，而且牠們沒有「鬧出來不好看」的顧忌，所以每次只要爭端一起，牠們就出來干涉了。這些熱心的仲裁者，幾乎總是對原來生事的兩方中地位較高的那一方比較兇，因此，那些高階層分子，尤其是第一號頭目，所行所為常常有俠義的風範——如果真的打起來了，牠們總是和弱者站在一邊。

因為大的爭端幾乎全是由於爭地築巢而起（如果是別的原因，較弱的那一方常常爭也不爭就打退堂鼓了），所以強者的偏袒，是下層分子在伏窩時的一種有力保護。

一旦定位之後，穴烏對於社會秩序的維持就不遺餘力了。牠們比雞、狗或猴子保守得多，如果沒有外來的影響，我從來沒有見過哪個下等階級，因為不滿現實而出來把位置重排的。在我的隊裡，我只見過一次廢王的事件，這是一個失蹤歸來的浪子，長期的漫遊使牠失去了對舊王的敬意，所以一回來就將舊王趕下了臺。

這個征服者叫「雙錫」，這個怪名字是就牠腳上的兩道錫環而起的，牠在一九三一年秋天回來，有一整個夏天不見蹤跡。也許是因為在外面的歷練多些，回來後膽子也大了。只一回合就把獨裁了許久的綠金打敗。牠的勝利有兩點不同凡響的地方：第一，雙錫當時還沒配對，綠金卻早已娶了親，所以牠是以雙拳贏四手。第二，雙錫只有一歲半大，而綠金和牠太太卻是從我一九二七年以來所養的那十四隻穴烏隊裡出來的，所以就年齡上講，雙錫也比較吃虧。

這次革命引起我的注意始於一件很特別的事：這天我在食盤旁邊忽然看到一隻又小又弱、地位極低的雌鳥，竟然走近正在用餐的綠金身邊，而且好像被一種看不見的力量鼓動，開始自炫起來。最奇怪的，那隻大雄鳥竟然並不爭辯就默默的讓開了，然後雙錫就來了，牠一點也不客氣的占了綠金的位置大嚼起來。我最初想：這個退位的舊王可能因為最近吃的敗仗洩足了氣，所以連其他的隊員也欺侮起牠來了；後來才發現這個假定是錯的，綠金雖然退了位，並沒有貶為庶人，終其一生牠都是老二。不過雙錫一回來就愛上了那隻又小又弱、地位極低的雌鳥，才兩天的功夫就公開和她訂了婚；又因為在穴烏的社會裡夫妻同位，所以她也跟著神氣起來了。

穴烏的婚姻是很有趣的，配偶兩方總是互相支持，互相盡忠，無論有什麼爭執，兩隻鳥總是站在一邊，和其他的鳥相抗。所以夫妻之間是沒有啄序的，丈夫是什麼地位，妻子就是什麼地位，完全兩位一體。但是另一方面，似乎有一種不可侵犯的律法限制牠們：沒有一隻公鳥能娶比自己地位高的雌鳥。

所以，這隻雌鳥升了級倒不是什麼稀奇的事，真正稀奇的是牠們消息靈通的程度。才一忽兒，所有的鳥兒都知道這隻可以由百分之八十的隊員呼來喝去的小雌鳥，從今天起就是「第一夫人」了，再也沒有誰能給她白眼看了。

還有更稀奇的：這隻升了格的鳥自己也知道，雖說動物在經過一次壞的經驗之後膽子立刻就變小了，可是要牠們明瞭過去的危險已經不再存在，並因此重新拾回喪失的勇氣和信心，卻需要很久很久的時間。水塘裡常常可以看到這樣的景象：一隻天鵝獨霸全池，除了牠的妻子，別的天鵝全都不敢下水。如果你當著所有的天鵝把這個暴君捉走，以為其他的鳥兒一定會大大的鬆一口氣，而且會立刻下水享受牠們被剝奪已久的權利；事實卻不然，不知要過多久，這些受慣欺壓的可憐蟲，才會有一兩隻，收拾起足夠的勇氣，繞著池邊，怯怯的游一轉。要想牠們游到池子中間去，就得等更久的時間了。

這隻小小的穴烏，卻在四十八小時之內，就把她當時的立身處地弄得清清楚楚，而且開始利用她所得的地位作起威福來了！她完全缺少一般高等穴烏對待屬下的高貴和忍耐的態度，一有機會，她就要把從前是她上級的穴烏找來辱罵一頓；而且她並不像一般高等的穴烏，只是擺擺自炫的架勢，不——只要落到她手裡，她總要惡意的打到牠們身上，方才甘休。總而言之，她的風度糟極了，完全是一副小人得志的樣子。

你大概覺得我太把動物「人化」了？也許你不知道我們常說的「人性弱點」，實際上比人的歷史老得多，它常常是我們和其他的高等動物所共有的特性。相信我，我並沒有錯把人的特性加在動物身上，正相反，我只是想指給你看，一直到今天，我們人的身上還存留下很多很多的動物性呀！

所以，當我說到一隻年輕的雄穴烏愛上了一隻雌烏的時候，我並不是把人的特性隨便栽插在動物身上。就在談戀愛這件事情上（英國人稱之為「墜入情網」），有些高等的鳥類和哺乳動物的行為與人類非常相似。拿穴烏來說，牠們的「戀情」通常是突然發生的，大概一天、兩天的功夫吧，而且和人一樣，有時會發生典型的一見鍾情的例子。馬洛（Christopher Marlowe, 1564–1593，英國詩人）說：

雖然沒有人說得出原因，又有什麼關係？
既然眼睛見過，心裡總是有數的。
如果兩方面都在有意湊合，他們的愛情也就不用提，
要不是一見之下鍾的情，他的情就不能算真情。

在野鵝和穴鳥的愛情生活裡，一見鍾情所占的地位太重要了，這在旁觀者看來實在很令人感動。我知道許多許多的例子都是第一次見面的時候，就種下了情根，定下了盟約的。也許我們會以為讓兩隻動物經常在一起，能有助於牠們的戀情發展，事實卻不然，有時甚至會壞事。無論如何，偶爾小別一下，常常可以把多年沒有起伏的友情帶到一個新的階段，可以說是妙處無窮。拿野鵝來說，我一再的發現牠們的婚約總是在兩個親密的朋友分開一段長時期之後，再見面時訂立的。甚至我自己也受這種模式的影響，不過這都是題外話了。

也許有許多讀者，尤其是那些有過一點心理學底子的，會對我使用「訂立婚約」這一名詞大為不滿。我們習慣把動物和「獸性」連在一起，以為牠們的愛情和婚姻完全受感官的衝動所左右。其實對某些動物，尤其是那些愛情和婚姻在牠們生活上占重要地位的動物而言，這種觀念真是大錯特錯。凡是能維持長期夫婦生活的鳥（牠們這

方面的行為已有人研究得很透澈），婚約幾乎都是在合婚之前許久就訂下了的；另外還有一些一年換一次妻的鳥兒，像大多數小型的歌鳥、蒼鷺等，因為牠們每次換妻都要育兒，所以訂婚的時間比較短。但是幾乎所有「一輩子只結一次婚」的鳥兒，都是在成親之前許久就要訂約。

小鳥之中，訂婚期間最長的是山雀（bearded tit）。我的朋友科林和他的夫人曾花了多年的時間研究山雀的行為，後來還為牠們出了一本專書。這些傢伙——我是指山雀而不是指科林，怪得很：在兩個半月大、乳毛未退的時候就已經訂好了親。這是說牠們選擇對象的時候身體根本還沒有成熟，離可以成婚的年齡還差了九個月。在行家看來，這種行為實在古怪。牠們的求婚儀式，尤其是公鳥的追求動作，完全是以顯露牠們成熟的羽毛、黑色的落腮鬍子和漆黑的尾部基羽為目的。這個小傢伙雖然又鼓腮又開屏，賣力得很，牠的鬍子和尾羽卻要再過兩個月後才會顯出鮮明的顏色。當然牠並不「知道」自己當時的模樣，不過牠那一套與生俱來的動作，竟完全是為牠將來才會著上的禮服誇示，豈不是很稀奇嗎？

那些只吃水面小蟲的鴨子情形又不同了，牠們總是在秋天訂婚。當時公鴨也和山雀一樣還沒長成，也沒有生育的能力，不過牠們早已穿上漂亮的婚服了。這件婚服一直要到第二年春天合巹時，才會脫下。

穴鳥和野鵝一樣，都是在出生之後的第一個春天訂婚，不過這兩種鳥都要再等十二個月之後才會發育完全，所以牠們的訂婚期間剛好是一年。公穴鳥追求的方法和公鵝、年輕的男人實在太像了，這是因為這三種動物都沒有什麼特別的東西可以炫耀，牠們既沒有出色的尾羽可以像孔雀一樣開屏，又不能學雪萊（Percy Bysshe Shelley, 1792–1822，英國詩人）筆下的百靈鳥（skylark），用「即興而起的甜美歌聲，唱出心中無限事」。所以及齡的穴鳥只好盡其在己了。

如果你拿牠們的做法和人相比一定會大吃一驚：就和公的雁鵝一個樣子，年輕穴鳥總是盡量利用機會表示牠有過人的精力。牠的一切動作都像拉緊了的弦，頭昂得高高的，頸子拉得直直的，並且常常無事找事的去撩撥別的穴鳥。如果「她」在看的話，就更不得了了，牠甚至會故意對平時敬禮有加的上級惹事生非。

這時如果牠找到了一個將來可以造窩的小洞，牠就會兇狠狠的把其他的穴鳥一齊趕走，不管來搶地盤的鳥地位多高，牠是再也不肯讓步的。同時牠會用又高又尖的調子，不停的喊出：「即刻，即刻，即刻」通知牠看中的雌鳥，新房子已經準備好了。其實，這種呼喚伏窩的儀式在這時完全是象徵性的，牠搶到的小洞是不是真的適於造窩，還是個問題呢！

但是家麻雀（house sparrow）的叫喚就和穴鳥不同了，完全是貨真價實的。因為公的家麻雀只有在找到了合適的地盤，而且已經搶到手之後，牠才會有結婚的念頭。所以每年一到時候，所有的公麻雀總會先打一場熱鬧的架，只有贏到地盤的鳥方有娶妻的權利。但是隨便什麼暗角或鑽不進去的小洞，到了穴鳥的手裡卻可以使牠「即刻」的亂嚷一番。

我前面提過的那隻喜歡在我耳朵裡餵東西的鳥兒，牠最喜歡「即刻」的地方，就在一個非常小的蟲蛀的洞旁邊。我們放在外面養的那群穴鳥為了同樣的目的，常常會搶據煙囪管的上端開口處，雖然牠們實際上並不在那兒造窩。每年一到春天，牠們不十分聽得清楚的「即刻」之聲，就會從好幾個壁爐的開口處傳進我們的客廳裡。

公鳥的種種自我表現，全是針對一隻特別的雌鳥而發的。但是這隻被相中的鳥怎樣知道一切全是為了她呢？這就是俗語說的眉語目情了，拜倫（Lord Byron, 1788–1824，英國詩人）不是在《唐璜》裡解釋得很清楚？

心有靈犀情自感，
淡淡一眼濃濃意！

公鳥在成婚時，總是目不轉睛的望著牠的意中「鳥」，這時她如果突然飛走了，

牠的一切誇炫之舉也就跟著停止。一般說來，雌鳥如也有意，她是不會飛走的。

最值得注意、也最滑稽的一種景象，就是雄鳥和雌鳥眉目傳情的方式了：公的穴鳥如果看中了某隻雌鳥，總是情深款款的注視她的眼睛，而她呢？就會東張西望的故意不看她的追求者；實際上，自然牠的一舉一動都沒逃出她的監視。有時她會很快的瞄牠一眼，雖然只有幾分之一秒的時間，已夠叫她瞧明白牠的用意何在了。而牠也在這一眼之下「知道」她知道了。如果她真的對牠沒有興趣，以後就再也不瞧牠了，然後這位年輕的雄鳥就會知趣的走開，和其他的雄性動物一樣（比如男人……）很快放棄了希望。

萬一這隻雌鳥竟被追求者的魅力所迷，她就會蹲在牠的面前，用一種特別的姿態很快的抖動翅膀和尾羽，這是表示她已心許了。這一套動作雖是象徵求歡的固定禮儀，卻並不導致實際的好合，純粹是一種招呼的方式而已。凡是結過婚的雌鳥都是用這種方式招呼她的丈夫，即使不在求偶期也是一樣。從這一類鳥的家譜看來，這種儀式已經完全失去原先在性上的意義了，現在成了妻子歡迎丈夫，對丈夫表示心悅的一種特殊表情，與魚類「象徵意義的自謙動作」意思完全相同。

未來的新娘一經定過情，就會變得冷靜沉著，而且會對別的隊員反臉無情。就雌鳥而言，訂婚可以提高她在隊裡的地位。一般說來，因為雌鳥總比雄鳥長得單薄些，所以她在獨身的時候，地位也比雄鳥低得多。

訂過婚的一對很自然的就成了最忠實的同盟，互相支持、互相信賴。這是很要緊的，因為牠們得和年老位高的夫婦爭地盤。牠們這種軍事聯盟的愛情實在是妙極了！自此之後，這兩隻鳥會經常擺出自炫的態度，形影不離的度其餘生。當牠們並肩在一齊踱方步的時候，你看得出來牠們頭上的羽毛會整個豎了起來，現出牠們像絲絨一般閃亮的黑色頂冠，和淺灰色像絲一般光滑的頸子。而且牠們多情極了，實在叫人看了感動，凡是公鳥能夠找到的美味都銜來先餵牠的新娘，她就會用雛鳥乞食的姿勢，謙恭的接受牠的獻禮。事實上，牠們的竊竊私語也都是用雛鳥的叫聲說

出的，這一點，也很奇怪的和人的習慣相符。不可否認的，我們用以表達感情的方法幾乎都有一點稚氣的傾向，難道你沒有注意到我們為自己的愛人想出的暱名，幾乎總有個「小」字在裡面？

我們人似乎特別能體諒公穴烏餵食的心情，也似乎特別能領會雌烏在替雄烏剔毛時臉上的溫柔表情，只要是雄烏的嘴搆不到的地方，她就會細細的替牠梳理。除了穴烏之外，還有許多別的喜歡群居的飛禽走獸、朋友之間，也常可見到彼此互相修飾儀容的現象。這完全是單純的社交行為，並沒有任何性的慾念。

不過，我還沒有見過別的動物能像一隻墮入愛河的雌烏，會在這件事上費這許多心的。她會花十幾分鐘的時間，梳理她丈夫漂亮的、像絲一般光滑的長頸毛。對於這種動作敏捷的動物而言，十分鐘已經算是了不得的久了。而牠呢？就會把頸子伸得長長的，帶著半閉的眼和沉醉的表情，享受妻子的愛撫。鴿子和牡丹鸚鵡（love-bird）雖以恩愛名滿天下，還不及這些聲名狼藉的穴烏會表情呢！

尤其叫人歎服的是，牠們之間的感情不但不會隨著歲月消

失，反會愈來愈深。穴烏是一種壽命很長的鳥，幾乎可以和人活得一樣久（就是像囀鳥和金絲雀之類的小鳥也可以活到二十歲，而且牠們在十五、十六歲時還可以生育）。我前面說過，穴烏總是在第一年訂婚，第二年結婚，因此牠們的婚姻生活很長，也許比人還久得多。可是不管牠們在一起生活了多少年，公鳥對牠的妻子還是始終一樣的體貼，牠會找好吃的東西餵她，深情款款的用低低的、顫抖的調子喚她。牠在第一個春天訂婚時是什麼樣子，以後一輩子就是什麼樣子。

你也許不相信，雖然也有別的動物一輩子只結一次婚，情形卻是兩樣，因為牠們初遇時的愛情之火很快的就隨著時間冷卻了。就算始終生活在一起，也只是習慣使然。熱戀時用的句子這時已完全聽不見了，所有與婚姻和家庭生活有關的一切活動，都成了機械化的例行公事，做是做，卻是一點不帶勁了。

我所熟知的許多穴烏夫婦裡面，只有一對的婚姻起了變故，不過牠們也是在訂婚的階段就散夥的。變故的起因是一隻名叫「小綠」、性格特別活潑的年輕雌鳥，她的戀愛事件最後是以喜劇方式結束的。我後來有隻雁鵝，名叫「美蒂」（Maidy），她也和小綠一樣，愛上了有婦之夫，不過她的結局卻很悲慘。以後我在另一本書內還要細說。

就在一九二八年初，我第一批養的十四隻穴烏正過牠們第一個春天的時候，老大綠金就和隊裡最美的一隻雌鳥紅金訂婚了。紅金真可說得上花容月貌，如果我是隻穴鳥，一定也會選中她的。其實老二「藍金」也曾熱烈的追求過她，只是她的反應太冷淡了，所以拖不久就和另一隻體形粗壯的雌鳥「小紅」訂了婚。這一對的感情比前一對真是差遠了，彼此淡淡的，看得出來是「將就」之下訂的婚約。

小綠在那時候（四月初）還不解人事。一般說來，一歲大的穴鳥開始發動春情的時期各有不同，小綠是直到五月初才對公鳥發生興趣的。她一出場真是非同小可，不但突然而且衝動得很，雖然她的身量細小，地位又低。從人的眼光看來，小綠遠不及小紅可愛，自然更不用說紅金了，但是她卻有自己的一套。她一上來就愛上了藍金，她的愛是這樣的強烈，以致於——讓我先說結果吧，雖然照理講似乎不大可能——她竟把比她體形粗壯的對手打敗了。

我是在看到下面的景象之後，才曉得牠們之間的一場愛情糾紛免不了了。藍金當時正安靜的坐在籠門上端的橫木上，讓就在牠左側的小紅替牠梳理頸上的細毛。趁這兩隻鳥都沒注意的當兒，小綠也擠到門口來了，她先在離牠們約一碼之遙的地方坐了一會兒，緊張的瞄著牠們；然後就又慢又小心的偷偷挨到了藍金的右邊，也伸長了脖子替牠梳理起頸子上的毛來。不過她的動作非常小心，準備一有變動就逃之夭夭。

藍金這時舒服得兩隻眼都閉起來了，完全沒有注意到身邊又多了一隻伺候牠的

鳥兒。小紅也沒有看到她，因為又大又壯的藍金正擋在她們中間，而這時藍金身上的毛又全部鬆了開來，比平時顯得還要大一些。這種緊張的局勢又繼續了好幾分鐘，直到藍金無意間睜了一下右眼，於是突然之間情勢大變！

藍金忽然看到有隻陌生的鳥就在眼前，自然老實不客氣的啄了過去。藍金的位置一變，小紅自然也就看見她了，說時遲那時快，只見她猛的一跳，就已越過了她的未婚夫衝到她的對手身上來了。從她表示的憤怒和攻擊的劇烈上看，我發現小紅可不像我，大概早已知道小綠的用心了。

這位合法的新娘似乎非常了解情勢的嚴重，我到現在還沒見過另一隻穴鳥在逐敵時像她那樣兇狠惡毒的。但是她並沒有成功，小而伶俐的小綠比她會飛，每次她趕完了小綠回來總會有點氣急敗壞。但是她剛剛才回到藍金的身邊，小綠就沒事似的又跟了過來，只這一點就決定了孰勝孰敗。小綠一開始就打定了主意不達目的不干休，她日復一日公開的跟蹤這對夫婦，如果牠們走著或飛著，她就和牠們保持一定的距離，並不去打

擾牠們；可是一旦這一對靠在一起想要親熱一下，她就會挨近一點，等待機會也插進一腳。

滴水可以穿石，小紅的攻擊漸漸緩和下來了，藍金也不再反對左右兩方同時給牠的溫存注意。有一天我就發現這事有了新的發展：藍金還是一樣靜靜的坐著讓小紅替牠梳理頭後面的毛，小綠就在另一邊，也在做同樣的事。這時不知為什麼，小紅忽然停了剔毛的動作飛走了。等到這隻公鳥睜開眼睛的時候，牠看到的是小綠，牠是不是就開始啄她呢？是不是立刻起身把她趕開呢？並不！牠慢慢把頭轉開，並且故意把後頸部分送到小綠的啄下，然後牠又閉起了眼睛。

從這時開始，藍金就愈來愈喜歡小綠了。又過了幾天，我看見牠竟然定時而溫柔的餵起她來；只是每次餵她時，小紅都不在場。這倒不是牠有意在合法的新娘背後偷情，要這樣想的話，就太把穴鳥的靈性估高了。如果小紅在場的話，牠餵的一定是她，可是因為小紅總是不在場，牠只好餵小綠了。

我的朋友帕泰基（A. F. J. Portieje）在啞天鵝（mute swan）

群裡也發現類似的行為：一隻老而已婚的雄天鵝憤憤的將一隻游到巢邊向牠示愛的雌鵝逐走，這時牠的妻子正在窩裡孵卵；就在同一天，牠卻在湖的另一頭和她幽會。表面上看來，似乎在人的行為裡也可以找到相似的例子，事實卻不然。在窩的附近，雄天鵝最關心的事就是保護牠的領土，除了牠的妻子以外，別的同類不論是雌是雄，在牠的眼裡都成了闖入者，都是牠必須趕走的敵人；可是在牠的領土範圍之外，牠就沒有這層牽掛，也就能夠認出誰是牠可以偷香的情人了。

小綠對那隻公鳥愈是有把握，她對小紅的態度也愈是輕率，現在她根本不逃走了，因此兩隻鳥常常打了起來。最奇怪的是藍金的態度，在一般正常的情況下，如果小紅和任何其他的隊員起了衝突，牠總是勇敢的維護牠的妻子。現在牠卻矛盾得很，雖然牠還是會對小綠擺出威脅的姿勢，但是再也沒有真的啄過她。事實上，有次我看到牠竟威脅起小紅來了，當時牠的窘迫和慚愧是非常明顯的。

這件三角糾紛結束得很突然，而且極富於戲劇性。有一天藍金忽然失蹤了，和牠一齊不見的還有——小綠！我不相信這兩隻成熟而且經驗豐富的鳥會同時遭了意外，牠們無疑是一起飛走的，動物和人一樣也會為了感情上的衝突憂傷煩惱。這一點我以後還要細說，所以假定這兩隻鳥是因為心情上的困擾不得不出此下策，倒不是不可能的事。

我未見過那些年紀較大、已婚的穴烏夫婦發生過同樣的糾紛，我也不相信以後會發生這樣的事。我曾長期觀察過許多對穴烏的婚姻生活，幾乎每一對都是鶼鶼鰈鰈到死方休。不過，寡婦鰥夫一旦找到合適的伴侶，再行嫁娶的也很多。可以想像得到的，那些年老地位高的雌鳥，要再找對象自然比較困難，因此，牠們的再婚率也較低。

穴烏在第二年裡就可以生育，實際上牠們大概要到第二個秋天才算真正成熟。這時牠們已經經過一次完全的脫胎換毛，不但身體上的毛長全了，翅膀上的飛羽和尾部的也都換了新的。經過這次換毛之後，如果逢到秋高氣爽的天氣，這些鳥兒就會出來找窩，同時會對性的活動特別感興趣，「即刻、即刻」之聲幾乎不絕於耳。氣候轉涼之後，牠們想要歡好的情緒也就隨著低落，只有在暖和的冬日，才會偶爾聽到一兩聲「即刻」，從煙囪管傳到下面的房間裡。

到了二月、三月，情形又嚴重起來，大白天裡「即刻」的聲音幾乎不會間斷。這時，牠們還會舉行另一種極其有趣的儀式。三月最後幾天裡，牠們的情緒到了最高潮，「即刻」的合唱在某個牆壁的凹窪處更是格外響亮。就在這時，從凹窪處響出來的音色變了，換成一種比較深沉而豐富的調子，聽起來像是「也卜、也卜、也卜」。愈唱到後來，節拍愈快，再往後，就成了一串急不可辨的連音了。於是興奮的穴烏從各個方向一齊都擠到這個小洞的旁邊，牠們把身上的羽毛抖了開來，分別擺出威嚇的

架勢，一齊加入「也卜」大合唱。

這到底是什麼意思呢？我花了好久的時間才找出原因：原來牠們這一套儀式完全是在對付社會的罪人時才有的表現。要了解這種純本能的集體行為，我們得更上一層樓才行。

一般說來，在窩的附近「即刻」的穴烏，通常不太容易受到攻擊，因為挑釁的鳥兒又失地利又理屈，總是比較吃虧一點。穴烏的威脅方式一共有兩種，不但意義不同，表現的形式也大有區分。如果吵鬧的原因是為了爭位，對手們互相示威的辦法常是把身子伸得長長的，讓羽毛緊貼著身體，彼此對峙。這種態度隱含有飛到對手的上方，撲到牠的背上的意思，如果真的打起來，打法也就是這樣了。許多公雞和其他的鳥兒都是用這種法子。參戰的兩方都一齊撲向對手的上方，結果半路裡就碰在一起了，這時兩方一齊伸出爪子，都想一鼓成擒，把對方打翻在地上。

第二種示威的態度正好相反，是鴨子這類鳥常用的，示威的鳥兒把頭和頸部放得低低的，背毛全部聳起，造成一個古怪的「貓背」姿勢。這時牠的尾部會朝著敵手偏向一邊，並且會打開成扇狀。

我們可以看得出來，使用第一種姿勢的鳥，其用意在使自己盡可能顯得「高」，第二種姿勢卻可使牠顯得盡可能的「大」。第一種態度的意思是說：「你假使再不讓開，我就要飛起來打你了。」第二種態度的含義卻是：「別來惹我，我已經忍讓到極限了，現在就是把我打死，也別想我挪開一英寸。」一隻地位高的鳥忽的飛到牠的屬下前，想把牠從一個特殊的地方趕開；但是後者若擺出第二種示威的姿勢，牠通常就不再堅持了。除非這隻挑釁的鳥兒特別看中了那塊地方，比方說，牠想用它築巢造窩，牠才不計後果採取更進一步的行動：雙方會在一起肩對肩的蹲了好久好久，互相對視，緊張萬分。不過牠們很少會真的打起來，通常的情形是大家都蹲在原地，隔著一段距離，互相交換劇烈卻無害的啄擊。牠們的呼吸聲和啄擊聲雖然歷歷可聞，卻並不

會造成不可挽回的傷害，誰可以支持得更久一些，誰就是最後的勝利者。

穴烏的整套「即刻」儀式，都和第二種示威的態度分不開，牠們似乎根本不能用別的姿勢發出「即刻、即刻」或「也卜、也卜」的叫聲。這是因為穴烏和其他領土性強的動物一樣，愈是靠近自己的家，拒敵的勇氣愈是大，戰鬥的能力也愈強。兩個對手之間勢力範圍的劃定，完全是看兩方的氣勢在哪一點上得到平衡。因此，不論是誰在自己找到的小洞邊「即刻」，在氣勢上從一開始就占了莫大的便宜，牠的勇氣可以幫助牠克服平時不能逾越的心理障礙，使牠能擊敗比牠強壯、地位高的敵手。

不過，因為適宜造窩的小洞實在太少，競爭還是非常劇烈。有時，一隻非常強壯的鳥為了爭地盤，會無情的攻擊一隻比牠弱小得多的同伴，這時「也卜」反應就應景而生了。受侮的穴烏又急又憤，牠的「即刻」之聲逐漸提高加快，最後終於變成「也卜」了。如果牠的妻子當時不在場，得了牠告急的訊號就會蓬鬆了身上的羽毛趕來助戰。如果這個挑釁者這時還不逃走，就會引起難以置信的後果，所有聽見牠們「也卜」的穴烏都會憤怒的趕到現場，於是原先「一觸即發」的戰事在一陣愈叫愈響、愈喊愈急的「也卜」聲中立刻化為烏有。那些愛管閒事的鳥經過這樣的一頓發洩之後，就又散開了，只留下原來的地主在牠重得和平的家裡，靜靜的「即刻、即刻」。

通常出來主持公道的鳥數目都不少，足夠使一場爭端平息。最古怪的是原來的挑釁者也會參與「也卜」大合唱，旁觀的人如果把人的想法投射在鳥的身上，會以為這隻生事的鳥兒，是為了轉移大家的注意力才跟著喊「捉賊」的。事實上無論是誰，一聽到「也卜」的叫聲就會不由自主的加入行列。起事的鳥兒根本就不知道自己是引起哄鬨的原因，所以當牠「也卜」的時候，牠也和別的鳥兒一樣，一邊轉，一邊東張西望的找嫌疑犯。雖然看的人會覺得荒唐，牠的每一個動作可都是誠心誠意的。

不過，我也碰過好幾次生事的鳥兒被大家認了出來的情形，這時如果牠還不肯放棄攻擊，就會被所有的鳥兒合夥痛打一頓。

一九二八年，我們那隊穴烏的真正統治者是一隻頑皮的喜鵲（magpie），因為牠從小就和穴烏養在一起，所以很自然的成了隊中的一員。事實上，喜鵲不是一種喜營集體生活的鳥，同時也沒有穴烏與生俱來的利群性和自制力，不過牠非常會打架，隊裡沒有哪隻鳥能敵得過牠。沒有多久，這個長了羽毛的流氓，就成了案積如山的慣盜，牠一再的搶進穴烏們造窩的小洞裡，引起牠們憤怒的哄鬨。鵲鳥的感官並不受「也卜」反應的傳染，不會因為大家都在「也卜」就輕易的放棄牠的企圖；而恃強逞兇的結果，卻也從沒給牠討到一點便宜。經過好幾次慘痛的教訓，牠終於學會不再去打擾牠們做窩了，穴烏的卵和雛鳥因此也從未受到損害。

年老位高的雄鳥，無論在「也卜」或「哄擊」反應上占的地位都是最重要的。牠們還有另一種保群衛家的本事。

一九二九年的秋天，我家附近忽然來了一大群隨季候遷移的穴烏和白嘴鴉（rook），約有兩百隻的樣子。我們自己在當年和前一年出生的小穴烏，馬上就和這批外地來的陌生鳥混在一起了，家裡只剩幾隻年紀較大的鳥。這在我看來真是一個了不得的巨災，因為我兩年來花的心血一齊都化為烏有。

一群正在飛遷的鳥，對於年輕穴烏的誘惑力有多大，我是再清楚不過了。當牠們看見一大片的黑色翅膀在空中鼓動著飛過。就像有一種不可抵抗的力在催促牠們，要牠們也隨著飛去，如果不是綠金和藍金，我的辛苦勞作真要隨風而逝了（也許我該說逆風而逝，因為穴烏最喜歡逆風而飛）。這兩隻年齡最高的雄鳥不停的從家裡飛到野地，又從野地飛到家裡，把我們隊裡所有的小鳥都帶回來了。牠們當時做的事，要不是我親眼目睹，以後又一再重見，要不是經過我和其他的研究人員好幾次用實驗證實，恐怕我到現在想起來還會半信半疑。

再說，牠們帶小鳥回家的方法也是很特別的，就和做父母的想勸小孩子離開某個危險的地方，所用的法子一樣；牠會從後面擦過小鳥趕到牠的前方去，就在牠飛到小鳥正上方的時候，牠合起的尾羽會極快的向旁邊一擺動。就這樣，一個「快跟我來」

的命令已經有效的發出了。就像直接反射似的，小鳥立刻就身不由主的跟著牠走了。大鳥做完了這套動作之後，就會帶著小鳥飛回家裡。大鳥還會時時向後看，以確定小鳥是不是一直跟著，嬌客從前就是用這個法子為牠的養子女帶路的。

在整個過程之中，綠金和藍金的叫聲沒有停止過。這種叫聲與平時那種短促、輕快的「飛行叫喚」大不相同：尾音拖長了，而且變得粗啞，像是從喉嚨裡吼出來的。普通的「飛行叫喚」聽起來像是「起呀」，這時卻變成了「起哦」了，我頓然想起以前也聽過這種叫聲，不過直到此時我才猜出它的含義。

這兩隻公鳥工作得非常賣力，就連受過訓練的牧羊犬在趕羊歸隊的時候，也不能比牠們表現得更好了。自始至終，我也沒見牠們歇一會兒，就這樣一直忙到傍晚，雖然早已過了牠們平時上籠的時間，似乎也沒有那麼在意。糟糕的是，每次牠們好不容易將一小群穴鳥勸回了家，才一轉身，這些不懂事的孩子馬上又回到草原上和那群陌生鳥打成一片了。大概每十隻帶回的小鳥裡面，有九隻會再逃掉，所以牠們的工作遠不如你想的那麼容易。不過到了夜深時分，當那群過境的生客重新向前推進的時候，我終於放心的發現我們養的許多隻小鳥裡面，只有兩隻沒有回來。

因為有這一段插曲，我開始調查「起呀」和「起哦」的不同含義，沒有多久就有了結果。原來這兩種叫聲都是「和我一齊飛」的意思，不過「起呀」是向外面遠處飛，

「起哦」卻是「回家」的意思。

過去，我就注意到凡是過境的穴烏叫起來總是尖著嗓子，和我養的穴烏叫法不同，現在我才知道原因。那些外地來的鳥兒幾乎都是離家遠行的過客，歸鄉的意念暫時比較淡薄，因此也就沒有高叫「起哦」的情緒和動機，這時只可聽到牠們呼喚同伴高飛遠行的「起呀」。就這一點而論，如果我們能夠調查一下那些在春天回原地孵卵的穴烏所用的叫聲，一定非常有趣。至於我這一隊鳥，牠們可是「起呀」、「起哦」混著叫的，也許因為牠們的活動範圍就在我家附近，就算在冬天，也不會缺乏回家的意念。

雖然我把牠們的叫聲譯作：「和我一齊飛吧！」事實上，無論是「起呀」或「起哦」都是牠們在心有所感之後的一種自然表示，完全沒有命令同伴「一齊飛」的意思。凡是在場的鳥兒，因為情緒的交相感應，最後終於做出一致的行動了。這就和我們人打呵欠一樣，雖是個體情緒的一種無意的表現，卻有高度的傳染力。因此，許許多多蟲、鳥、魚、獸的集體行為，並不是由一個權高位重的獨裁者出來決定的，而是大家在互相感應之下得到的決議。這倒是有點和我們民主政體的投票法相似，就是為了這個緣故，有時你會見到一群穴烏亂哄哄的鬧成一片，始終不能達成協議，有時這種情形的交感會繼續一段很長的時間。

因為任何生物在做決定的時候，都必須要能把其他種種應景而生的衝動一起拋開，以專心一意考慮某一種特殊的動機。但是只有人和少數幾種高等哺乳動物具有這種能耐。鳥的智慧自然比不上人，牠們似乎完全沒有決斷的能力；看到一群穴鳥一下子「起呀」、「起哦」嚷了半個鐘頭還不能決定到底何去何從，實在很使人不耐。

情形通常是這樣的：這群穴鳥正在離家數英里之遙的一塊空地上閒坐，吃飽喝足，馬上就要回家了。我說的「馬上」可不是人的「馬上」，而是穴鳥式的、有伸縮性的「馬上」。這時有幾隻鳥——通常是年紀大、反應快的幾隻鳥，終於帶頭飛了起來，並且說出「起哦」的叫聲，一瞬間整群的鳥都隨著牠們飛上了天。不過你可以看得出，大部分隊員的心情還停留在「起呀」的階段，於是在一片「起呀」和「起哦」的混嚷聲中，這一群鳥先是在空中打圈子，後來終於又停下來了，這一次停的地方說不定離家更遠。像這樣重複了十幾次之後，「起哦」的呼聲漸漸高起來，終於一瀉千里直到全部的鳥都為回家的情緒所籠罩。

「起哦」反應就維持群體的完整而言，實在功莫大焉。除了我前面說過的例子，後來又有一次也是因為它的關係，我的夢想和計畫得以免於幻滅，只是這次的經過與前一次大不相同。這是我成立穴烏隊之後好幾年的事了，事變的原因到現在始終沒弄清楚。

為了避免一九二九年遭到的麻煩，每逢有遠行的穴烏經過艾頓堡的時候（通常是在十一月到二月之間），我就把這群穴烏關在籠子裡，並且請了個細心的助手照看牠們，因為當時我正住在維也納。有一天，忽然所有的鳥都不見了，籠子上的鐵絲網有一個洞，也許是被風吹的，也許是有隻貂跑進去了。有兩隻穴烏死在裡面，其他的都失蹤了，不過我始終沒有找出真正的原因。

本來一個任由動物自由生活、自由行動的動物保護人，便常會遭到許多不便，受到種種不同的挫折。不過，這一次的損失，大概是自我飼養動物以來所碰到的一次「最不幸的意外」了，還好後來結局不錯，使我有機會觀察到平時沒法看到的行為。經過的情形頗像塞翁失馬，幸運的開端是三天之後有一隻鳥忽然回來了，這隻鳥就是紅金，她是這隊穴烏從前的皇后，也是第一隻在艾頓堡安家伏窩的鳥。

這隻孤零零的穴烏，自從回來後也不到別處去，每天只是坐在風信雞上唱歌，她一刻也不停的唱呀唱的，似乎滿心的幽怨都從叫聲中發洩出來了。一般說來所有會唱歌的鳥（包括烏鴉在內），當牠們離群獨處或是失去自由，或正常活動的機會受到剝奪的時候，就會唱歌。換句話說，牠們在「無聊」的時候就用歌聲打發時間，因此之

故，孤零零的籠中鳥花在唱歌上的時間，比起那些在外面自由活動的鳥要多得多。如果是在正常的情形下，一隻鳥一天大約會碰上一百零一種不同的活動都需要打起精神來應付，當牠被俘之後，這些過剩的精力就只好從唱歌上面發洩了。

自然界裡還有許多小型的歌鳥，牠們的歌聲是特別用來宣揚自己的領土權益和邀博雌鳥歡心的。就這類鳥而言，也是以還未找到對象的公鳥比已經配對成親的公鳥唱得響、唱得久；因為公鳥的數目一般總要比雌鳥多些，所以有些公鳥只得獨身一輩子。

從牠們的歌聲聽來，也不覺得牠們有什麼委屈不樂之處，和保護動物協會的想法正好相反。我們在家裡養一隻夜鶯或金翅雀以便傾聽牠們的歌聲，並不是一件不人道的暴行。布雷克（William Blake, 1757–1827，英國詩人）的箴言：「關一隻紅胸膛的知更，普天下俱為之忿！」也不值得我們過於當真。事實上，一個失意的老小姐牽著一隻公的巴兒狗，更值得我們同情。

就我個人而言，我並不欣賞那些唱個不停、單獨關在籠中的歌鳥，牠們繼續不斷的歌聲唱久了，就使我煩躁。我養了一隻不大唱歌的紅尾鳥，牠和牠的太太住在一個大籠子裡。就是現在，當我寫下這幾行字的時候，牠正在表演牠那出眾的舞藝，以求博得牠心愛女士的歡心，牠的種種動作比起那些孤單的歌手所唱的歌，似乎更加令我心喜。

不過那些被人單獨豢養的公鳥，並不像一般感情用事的人所想是在受苦、受虐，牠們的歌聲也不是憂傷和慾念的表現。如果牠真的有什麼傷心之事，牠便不唱了。

但是我的這隻孤零零的雌鳥紅金，卻是真正的傷心了。當我說她精神上在受苦的時候，我並沒有把人的感情胡亂栽插在她的身上。一般說來，動物不大容易在精神上感覺苦惱，但是這一次卻是例外，我以後再也沒有碰過類似的情形。紅金的憂愁完全從她的叫聲中表現出來了，這對於一個懂得「穴鳥話」的人來說，真是清楚不過。穴鳥無論雌雄都會唱歌，牠們所唱的歌，調子非常之多，有的是自己的叫聲，有的是從其他的鳥那兒學來的。合在一起，聽起來雖不能說十分悅耳，卻也並不叫人討厭。

穴鳥並不像烏鴉或渡鴉那麼會學舌，不過你如果只養一隻，並且耐心的教牠，牠也能學會人的話。牠們的歌聲有一點最為與眾不同的就是自我模仿，凡是穴鳥特有的各種叫聲，譬如我前面解釋過的「起呀」和「起哦」，「即刻」和「也卜」，甚至於牠們在保護同伴、合力拒敵時發出嘰喳的尖叫聲，都變成了常唱的歌，而且一再重複。

我還不知道有什麼別的鳥能像牠們一樣，把含有特別意義的叫聲用歌聲唱出來，頂多也只能找到一兩句而已。但是自由生活的穴烏所唱的歌，幾乎全是牠們平時說慣了的叫聲。最特別的是歌手在唱到某種字眼的時候，一定會擺出適當的姿勢。所以當牠唱的是嘰喳尖叫時，牠就向前俯著身子，同時很快的搧動翅膀，就好像真在哄擊敵人一樣；如果牠唱的是「即刻」或「也卜」，也一定會以適當的示威姿勢出現。換句話說，牠的行為和真情畢露的詩人在吟詩時一樣，每一小節都引起牠無限低迴之情，因此牠的一舉手、一投足也都無意間和詩意相合了。

從我們人的耳朵聽來，這些唱出來的叫聲和真情實景所發出的叫聲，幾乎沒有分別。也不知道有多少次，我在聽到一聲尖叫後匆忙趕到窗口，以為哪個強盜把我的鳥兒搶了一隻去了，結果發現是隻正在唱得起勁的穴烏，用牠那維妙維肖的假叫聲開了我一個大大的玩笑。

不過，我從來沒有碰過一隻真的穴烏會被假叫聲所瞞，這件事真使我愈想愈奇怪，因為牠們的哄擊反應實際上原是一種盲目的反射作用呢！對於一個熟悉牠們的生活習慣，知道牠們每一種動作和聲音所表示的意義的人，牠們這種獨特的歌唱法和感人的表情，當然更是有趣、更是妙不可言了。我以為這些黑黑的小傢伙，把牠們生活裡最多采多姿的一面做成歌唱了出來，實在是太可愛了。

雖然孤獨的紅金唱歌的樣子並不可憐，她所唱的歌卻真是叫人聽了傷心，好像她整個的心都塞滿了一種固執的感情。牠一遍又一遍的喊著「起哦」，用各種聲音、各種調子將「起哦」唱了又唱，從細聲細氣的最弱音到尖聲高叫，始終都是「起哦，起哦，回來呀，回來！」只有偶爾幾次，當她飛到草原上去尋綠金以及其他的夥伴時，才把「起哦之歌」改成了叫聲，這時她會啞著嗓子大聲急喊「起哦」——雖然從我們人的耳朵聽來似乎沒有什麼明顯的區別。

後來隨著時間流逝，她的這種因渴念而發的喊聲漸漸少了，也不再去草原上巡迴，每天竟只是坐在我們鐘塔頂上的風信雞上，用低低的調子，哀悼她失去的愛侶：

她耐心的坐在石碑上，
對著憂愁微笑。

這就是紅金想救回整隊穴烏的經過。

因為她無盡的憂傷以及在屋頂上發出的哀聲，我終於在那年春又重新養了一批穴烏。雖說我向來不喜歡對動物濫施憐憫，這次的四隻小鳥卻完全是因為她的緣故才養的，一旦牠們羽翼長成能飛之後，我就將牠們移到外面的鳥籠子裡和紅金住在一起。糟的是因為我一時的匆忙和疏忽，竟沒有注意到籠子的鐵絲網上還有一個大洞沒

補好，所以在牠們和紅金混熟之前就已經全逃掉了。這幾隻鳥緊緊的飛在一起，互相把對方當成領袖，一下子這個跟那個飛，一下子那個跟這個飛，終於愈飛愈高，愈飛愈遠，最後掉在山那頭的櫸樹叢裡了。一時我真以為再也見不著這幾隻鳥了，因為牠們那時還不曉得答應我的呼喚，而櫸樹叢又深又密，我也不能走近牠們。雖說紅金可以用「起哦」的叫聲把牠們帶回，但是牠們和她在一起還不到半天的功夫，紅金根本還沒把牠們當成同夥。

就在我一籌莫展、失望到了極點的時候，忽然靈機一動竟然想出個辦法來了。我立刻爬進閣樓裡，帶了一面半金半黑的大旗出來，這是我父親從前在慶祝前任皇帝法蘭西斯・約瑟夫一世的生日時插在屋頂上用的。當時我就舉著這面大旗，跑到屋頂上避雷針旁邊最高的一點上，發瘋也似的揮動起來。

我的目的是什麼呢？原來我想藉這面旗子把紅金趕到天上去，只要她飛得夠高，那幾隻掉在矮樹叢裡的小鳥就會看到她，如果牠們再出聲一叫，這隻老鳥也許就會用「起哦」的喊聲將牠們帶回來了。紅金見了這面大旗果然被嚇得飛了起來，只是她飛

得不夠高，我只得一面像瘋子似的揮動這面大旗，一面發出紅番出擊時的大喊。

村子裡的街上圍觀的人愈聚愈多，我也顧不得解釋，只是把旗子揮動得更急，喊得更響。紅金於是又向上翱翔了好幾碼。就在這時，有一隻小鳥從山的那一頭喊了出來，我停了舞旗的動作，一面喘息，一面抬頭看紅金飛到哪兒了。謝天謝地，她的翅膀愈動愈急，她也愈旋愈高，並向山坡那頭的林子飛去了，「起哦！」她叫道：「起哦，起哦！」——「回來，回來！」

我快活的把旗幟捲起，趕緊從閣樓的活門裡溜掉了。十分鐘後，四個浪子都隨著紅金回來了。紅金似乎和我一樣疲倦，不過從這一天起，她熱心的照看這幾隻小鳥，再也沒讓牠們飛掉。後來就以這五隻鳥為中心，很快的發展成一個數目龐大的穴鳥隊，隊首就是紅金。也許因為年齡上的差別，她似乎比一般的帶頭老大更具權威，就維持一隊的完整和統一而言，紅金的能力比我從前知道的好幾個統治者更高，她忠實的帶領這些小鳥，就像牠們的母親一般溫柔，因為她自己的孩子一個也沒留下。

如果我把紅金的生活史就此打住，也許會更浪漫一些：一個好心的寡婦把她的愛心、精力全部都貢獻給群體，豈不是結束得盡情盡理嗎？

真正的結局實在圓滿得太不像真的了，我現在寫來都覺得勉強。

就在那件大悲劇發生之後的第三年，一個有風的陽春天裡，有一群由穴烏和烏鴉組成的鳥隊正從艾頓堡的上方過境，其中一隻大鳥忽然自己離了隊伍，像子彈一樣從天空裡直墜下來。就在牠碰到我們的屋頂之前的一剎那，牠的翅膀張開了，牠有黑而發亮的翅膀和絲一般平滑的頸子，在亮光裡看起來幾乎是白色。

我們那位專制已久的王后紅金，見了這隻遠地而來的生客，立刻就像見了主公一樣的馴服，她馬上變成一個害羞而溫順的新娘，再也找不著她平時那種不可一世的威風模樣了。她在牠的面

前不勝嬌羞的擺動尾羽、抖動翅膀，幾個鐘頭之後，這兩隻鳥就像多年的夫婦一樣親密、熱絡。最妙的是其他的穴烏，對這隻大鳥似乎也沒有異議，好像牠們對久居后座的紅金信服得很，既然她都認牠作主，牠的第一號位置自然是毋庸置疑了。

我並沒有不可置辯的科學證據，可以證實這隻美麗的公鳥就是紅金失蹤已久的丈夫綠金。牠腳上戴的有色錫環已經斷了，紅金的腳環也一樣，好久以前就不見了。不過這隻新來的鳥一定是從前的隊員，這可以從牠的馴服的態度和牠進屋的熟練上證明出來。野生的穴烏在加入我們的鳥隊時舉動完全不一樣，這隻鳥毫無疑問一定是我養的第一群穴烏裡，年紀最大的四、五隻長者之一。不過我相信，也希望牠就是綠金。這復合的一對後來又養了好幾窩小鳥，今天艾頓堡的穴烏多於可以做窩的小洞，幾乎每一座牆上的凹縫，每一個煙囪的間壁裡面，都可以找到牠們的巢。

上次大戰之前，我的父親在他的自傳裡曾提到艾頓堡的穴烏：「尤其在傍晚，這群鳥總是繞著我們的牆垛飛來飛去，高聲叫喊，彼此招呼。有時我相信自己能夠了解牠們在說什麼：『我們就像老家人一樣熱愛自己的家，只要有石頭、有牆垛可以保護我們，我們就在這裡築巢，在這裡飛翔。』」

老家人！這個比方多麼貼切！就是因為這一點特色，我的心中始終有牠們一席位置。每逢秋天或是暖和的冬日，當我聽到牠們學唱的春日之歌，看到牠們對著狂風驟雨玩的大膽遊戲時，我就會心動神移、不能自已。這就和我聽到一隻鷦鷯（wren）在一個明淨的霜日唱歌，或是看到一株常青樹埋在雪中的感覺一樣，它們使我心中充滿了希望和不屈不撓的毅力。

現在嬌客已經走了好久，下落不明。紅金在老年時，被一個好心的鄰居用氣槍誤殺在花園裡。但是艾頓堡的穴烏還是很多，牠們在我們房子的四周飛來飛去，轉的方向都是從前嬌客轉過的，用的上旋流也是從前嬌客用來升高過的。凡是第一批穴烏所熟悉的傳統，都由紅金傳給我們現在的穴烏了，牠們忠實的舉行著，和舊時的那一批沒有區別。

假使我能找出一條路，這條路在我以後世世代代都有人走，我就太幸運了呀！假使在我一生的工作裡，能找到一個小小的「上旋流」，這個上旋流可以將其他的科學家推得更高，看得更遠，那麼我對命運就更是感之不盡了。

第十二章 小雁鵝

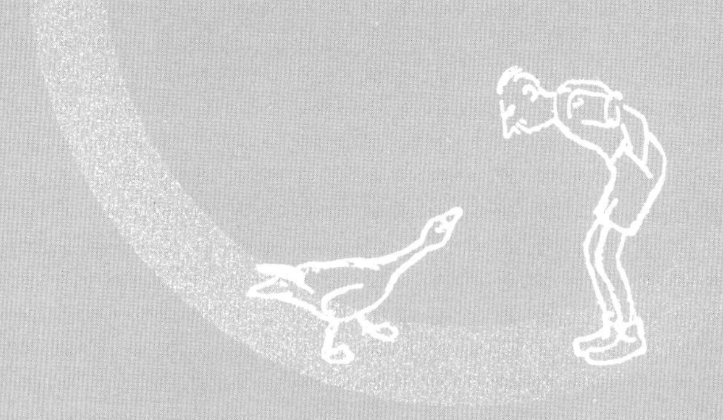

我在這裡，你在哪裡？

——拉格羅夫，《何格生》

今天是個大日子，我已經在我那二十枚寶貝雁鵝蛋上，整整孵了二十九天。我是說，只有最後兩天才是我親自出馬，至於之前的二十七天，我則委託我家那隻白白胖胖的大白鵝，和另一隻同樣白白胖胖的母火雞，來為我代勞。說到孵蛋這碼子事，牠們倆可就比我稱職得多了。直到最後兩天，我才從那隻白白胖胖的母火雞臀下，取走十枚灰白色的雁鵝蛋，然後放進我的孵蛋器裡。至於那隻大白鵝，就得自己獨力把另外十顆蛋孵完為止。

在這些雁鵝蛋裡面一定有大事正在發生，你只要把耳朵貼在上面，就會聽到裡面傳出一陣劈里啪啦的聲響；接著便清清楚楚的聽見一聲輕微的、像笛子般可愛的「嗶——」聲。過了一個鐘頭以後，蛋殼上現出一道裂縫，從縫裡你可以看見新生的幼雛：鼻尖上還頂著一根乳齒。只見牠輕晃著小腦袋瓜，用那根乳齒由裡向外去頂那蛋殼，這麼一來不但能戳破蛋殼，而且幼雛還藉著這個動作讓蜷縮在蛋殼裡的身軀，能夠慢慢的繞著蛋的縱軸旋轉。因此乳齒便能繼續由裡向外，順著與蛋軸垂直的水平方向，劃出一道由一連串破洞連成的線圈，直到這條線的兩端銜接起來為止。接著幼雛便藉著一個伸展頸部的動作，把蛋殼頂了出去。

牠那長長的脖子費力的、慢慢的伸展開來了。這時，細長的脖子看來還無力承受牠那顆重重的小腦袋瓜，而且仍然保持著胚胎時的姿勢和位置，僵直的向下彎——也就是從牠開始成形時，一直處在的那個位置和姿勢。如此再過幾個鐘頭，牠的雙腳才慢慢伸張開來，逐漸變得靈活，肌肉也緩緩變得強壯有力；而維持身體平衡的內耳也逐漸發揮功能，直到幼雛開始能夠分辨上下方向，小腦袋瓜也能夠隨意的挺直為止。

剛從蛋殼裡爬出來的小傢伙真是醜死了，一副可憐兮兮的模樣，而且看起來全身溼答答的。事實上根本沒有那麼溼，如果你用手去摸摸看，你會發現牠只不過有點潮溼罷了。牠那一身稀疏的絨毛之所以給人一種溼漉漉、黏答答的印象，主要是因為它們還緊緊貼黏在一起，被一層極薄的蛋膜包住了。這層蛋膜的厚度不會超過一根頭髮的直徑。

初生的毫毛因為被這層富含蛋白質的薄膜覆住了，因此一綹綹的黏在一起，這樣才不會占用很多空間。一旦這層蛋膜變乾了以後，它就會分解成粉末狀，讓原本聚攏在一起的初生毫毛伸張開來。更正確的說法是：這些毫毛並非後來才變乾的，事實上它們從一開始就是乾的，只是它們被一層蛋膜包住了。這層蛋膜還可以防止蛋中的水分滲入，起到保護作用。

掙破蛋膜的功夫當然要靠新生幼雛自己的力量去辦到了：小雁鵝或是靠在兄弟姐妹身上，或是貼在母親的腹毛上，逆著羽毛生長的方向不斷的摩擦。從孵蛋箱裡孵出的雁鵝，也就是我的第一批雁鵝，由於少了這一道摩擦的手續，牠身上的那一層蛋膜保持得比平常更久。

遇到這種情況，我們可以變一個令人驚奇的小小魔術。首先你把幼雛放在一隻手上，另一隻手則拿一顆塗上油脂的棉球，然後以逆著羽毛生長的方向，輕輕的在幼雛身上摩擦。這時蛋膜就會分解成頭皮屑一般大小的薄片，接著你會看到幼雛以更神奇的方式發生變化：凡是棉花擦過的部位，就會冒出一叢叢濃密的、非常好聞的、可愛的灰綠色絨毛。不到幾秒鐘的功夫，我們看到的不再是一隻光禿禿、溼答答、黏兮兮的醜小鵝，而是一個毛茸茸、圓滾滾的絨毛球，牠的體積比原先要整整大上一倍。

我的第一隻小雁鵝就是這樣降生到世界上的。接下來，我便把牠放在一個暖枕下，用它來取代鵝媽媽溫暖的腹部，耐心的等待牠變得足夠強壯，能夠自己把腦袋瓜挺直，並且能夠自己跨出幾步。

只見小傢伙歪著一顆小腦袋瓜，用牠那漆黑的大眼睛仰頭望著我。正像大多數鳥類一樣，這隻小雁鵝也用一隻眼睛定定的凝視著我，因為牠想把我看個仔細。這隻小雁鵝就這麼久久、久久的凝視我。

當我開始移動、準備說話時，牠便突然從全神貫注的緊張狀態鬆弛下來，於是小傢伙便開始跟我「打招呼」：牠的脖子伸得長長的，說起話來又急又快，用的是雁鵝那種多音節的招呼聲。雖然牠剛剛才出生，可是聲音聽起來非常細膩動人。牠打招呼的方式就像一隻十足的成年雁鵝，宛如一生當中已經千百遍做過同一件事了，而且都是以同一種方式。就算是最精明的行家，也看不出來這是牠生平第一次做這樣的事。直到這時，我仍未意識到，經過小黑眼珠這麼一番打量，加上我輕率的發話引來這一陣熱情的問候，我已經把一件沉重的任務攬到自己身上了。

我本來打算把這隻由母火雞幫忙孵出的小雁鵝，託付給前面提過的那隻大白鵝，雖然牠只幫忙孵了十枚蛋，但是要照料二十隻小鵝倒也難不倒牠。當我的小雁鵝終於結束熱情問候時，那隻大白鵝也剛好孵出了另外三隻小雁鵝。於是我把第一隻小雁鵝也帶到花園裡，因為那隻大肥白鵝就坐在狗窩裡。「沃菲一世」才是這狗窩的合法主人，誰知竟被大肥白鵝老實不客氣給趕跑了。我把我的小雁鵝輕輕的放在大白鵝柔軟溫熱的腹下，我還以為這麼一來就盡到了責任，哪知完全不是這麼一回事。

我坐在狗窩前（現在應該叫做鵝巢）練習靜坐。過了幾分鐘，當我正進入喜樂的冥想境界時，突然從大白鵝腹下響起了一陣輕微的叫聲，好像在詢問什麼似的：「vee-vee-vee-vee？」這時大白鵝便以安撫的口氣回答牠（當然是用牠自己的腔調啦）：

「哥安—哥安—哥安。」凡是明理的小鵝，一聽到這種回答都會立刻安靜下來；可是我的這隻小雁鵝不但沒有安靜下來，反而急急的從大白鵝溫暖的羽毛下鑽了出來，用一隻眼睛直直的仰視著牠的養母，接著便放聲大哭的跑開了：「普噓普—普噓普—普噓普。」這聲音聽起來就像是小雁鵝「遭到遺棄時的悲鳴」，任何離巢的小鳥都會發出類似的聲音。

只見這可憐的孩子伸長了脖子，一路哀哀悲泣著，走到大白鵝和我之間。這時我稍微動了一下，沒想到這孩子便立刻停止哭泣，且拉長了脖子向我這邊衝過來，熱烈的跟我打招呼：「vee-vee-vee-vee。」那場面實在令人感動，不過我還是無意扮演鵝媽媽的角色。因此我一把抓過這孩子，把牠塞回大白鵝腹下，撒腿便跑。我跑了不到十步遠，就已經聽到身後又是一陣：「普噓普—普噓普—普噓普。」那可憐的小傢伙竟然不顧一切的奔了過來。這時牠根本還不會站，身體只能撐在腳後跟上，就算是慢慢走也還不是很穩，腳步搖搖晃晃的。可是因為情況緊急，牠便使盡吃奶的力氣拚命跑，簡直就像子彈發射般的迅捷。（有一些鶉雞類的鳥〔gallinaceous bird〕在成長過程中，會發展出幾種不同順序的動作。這些順序雖然特別，但是合乎自然的目的，尤其是鶴鶉和野雞，牠們很早就會快跑，可是要過好一陣子才會慢慢走和站住。）

聽到這可憐的小傢伙嘶啞的稚嫩哭聲，而且跌跌撞撞、連滾帶爬的，以驚人的速度和決心向我這邊衝過來，就算是鐵石心腸也會變軟。這一連串動作的意思很明顯：牠把我，而不是那隻大白鵝，當成媽媽了！我只得邊嘆氣邊帶著牠回家，就像背負一個小小十字架似的。當時牠雖然才只有十公克重，可是我已經很清楚的知道，牠將會是多麼沉重的負擔。為了夠資格負起照顧牠的責任，不知道要花去我多少時間和精神。

我做出一副好像是我收養她，而不是她收養我似的神色。我讓牠受洗禮，並給牠取了個名字叫做「瑪蒂娜」。

那一天，我的日子過得就像一隻鵝媽媽。我帶著牠到一片青嫩柔軟的草地上玩了一天，我成功的說服這孩子：切碎的雞蛋加上蕁麻很好吃。而這孩子也很成功的教會了我：我一分鐘也別想丟下牠自個兒走開，至少目前是完全不可能的。只要我稍微走遠一點，牠就立刻陷入絕望的恐懼之中，並且撕心裂肺的大哭。試了幾遍之後，我不得不投降，只好動手編了一個掛籃，好把牠隨時帶在身邊。這樣，至少當牠睡著的時候，我還有可能自由走動。

但是小雁鵝真正睡著的時間並不長，常常是時睡時醒。白天的時候，我還沒怎麼注意到；可是到了晚上，我就不得不注意到了。我特地為這孩子準備了一個溫暖舒適的搖籃，對某些離巢幼雛而言，它確實可以取代母親溫暖的胸膛。那天晚上很晚的時候，我把小瑪蒂娜輕輕放在暖和的暖枕下，牠立刻滿足的發出一陣急促的呢喃聲，那聲音聽起來就像是「唯咿兒……」，對小雁鵝而言，這種聲音就表示牠想睡了。我把裝著保溫搖籃的箱子擱在房間的角落裡，然後自己才上床睡覺。

就在我迷迷糊糊快要睡著的時候，突然聽見小瑪蒂娜又輕輕的發出一聲渴睡的聲音：「唯咿兒……」。這下子我卻睡不著了，因為牠接著又發出一聲比較響的聲音，好像在詢問什麼似的：「vee-vee-vee-vee？」瑞典女作家拉格羅夫那本精采的著作《何格生》，對我的童年產生很大的影響。書上極為準確的把這種表現情感的聲音，以一種天才的設身處地方式翻譯成：「我在這裡，你在哪裡？」

「vee-vee-vee-vee」——我在這裡，你在哪裡？我不但沒有回答牠，反而把頭更深埋進枕頭裡，希望那孩子會就此死心，再度睡著。可惜天不從人願，牠又「vee-vee-vee-vee」叫個不停，甚至還威脅似的加上被遺棄的悲泣聲——我在這裡，你到底在哪裡嘛？

人類的小孩在哭泣時，嘴角會往下撇，下唇會向外翻；小雁鵝哭泣時，則是拉長了小脖子，頭頂的羽毛也會跟著豎起來，接下來便是一陣尖細又刺耳的「普嘘普—普嘘普—普嘘普」。於是我不得不爬下床來，走到牠的搖籃旁邊。聽到我走近的聲音時，瑪蒂娜立刻發出一陣幸福而又滿足的「vee-vee-vee-vee」聲。如果我不想辦法，讓牠覺得自己並不是孤伶伶被人丟在黑暗之中，恐怕牠就要沒完沒了的哭個不休了。我把牠輕輕的移到暖枕下面，聽著牠安詳的發出一陣陣「唯咿兒……」的輕微叫聲，接著很快便睡著了——我自己也是。

可是不到一個鐘頭，大約十點半的時候，牠又發出那種詢問的聲音：「vee-vee-vee-vee？」於是上面描述的那種過程，又絲毫不差的重複了一遍。差一刻十二點鐘時又一次，一點鐘又一次……。差一刻三點鐘時，我想徹底把這個問題一次解決，於是把搖籃搬到床頭伸手可及之處。三點半時，牠又如預期般的再度發出「我在這裡，你在哪裡？」的詢問聲，這時我便以我那一口蹩腳的鵝語回答牠：「哥安—哥安—哥安」，並輕輕拍了拍蓋在牠身上的那個暖枕。於是瑪蒂娜滿足的說：「唯咿兒……」，那意思是：「我要睡囉，晚安。」

沒多久，我就學會在睡夢中仍能說「哥安—哥安—哥安」的本事。我相信，直到今天我仍然有這本領，只要有人趁我熟睡時，輕輕的對我說：「vee-vee-vee-vee」，那麼他會立刻聽到我的回答：「哥安—哥安—哥安」。

到了清晨的時候，由於天色漸亮，就連我的「哥安—哥安—哥安」和拍枕頭這一妙招也不再管用了。在白天較亮的光線照射下，瑪蒂娜發現那枕頭並不是我，於是又哭了起來。請你想想看，若有一個惹人憐愛的小娃兒在清晨四點半鐘哭了起來，你會怎麼做呢？一點兒也不錯，你會一把將他抱過來，放在身邊，然後懇求老天爺：就算是天上的天使起碼也還能再睡上個把鐘頭吧！老天爺果然不負所求，於是你又舒舒服服的睡著了，直到……是的，直到你身邊突然溼冷了一片。但是我的小瑪蒂娜從不曾給我帶來這種困擾。只要一隻小雁鵝是處在「我在媽媽懷裡」的心情下，牠會非常乖巧，非常守規矩。可是當牠醒來想要下床時，當然你就得盡快把牠帶出去。

瑪蒂娜真是非常的乖巧，雖然牠一刻也不能沒人陪著，但是牠的個性一點兒也不頑固。我們必須知道，像這樣一隻幼雛，如果失去了母親和兄弟姐妹，在野外的狩獵場上通常是必死無疑的。從生物學的觀點來看，這一點是很有意思的：這麼一隻迷途的羔羊，既不思茶飯，也不思睡眠，用盡全身的力氣發出求救的呼喚，只盼能把失散的母親找回來；如果找不回來，牠會一直哀泣到聲嘶力竭、心力交瘁為止。

如果你有一群彼此往來密切的小雁鵝，只要經過一番訓練，牠們會慢慢習慣獨處。反之，從出生起即已離群的小雁鵝一旦落單，就會哭泣至死。

對孤獨的這種本能的排斥，把瑪蒂娜牢牢綁在我身邊。我走到哪兒，牠就跟到哪兒。如果我坐在書桌旁邊工作，讓牠躺在我的扶手椅腳下，牠就很滿足了，一點兒也不煩人。每當牠用那種表現情感的語言孜孜不倦的探問著：是否我還在那裡，而且還活著呢？只要我出聲回答牠，哪怕只是口齒不清的胡亂嘟囔一句，牠就很滿意了。白天時，牠大概每隔幾分鐘就要問一次；到了晚上，則是每隔一小時問一次。我相信，碰到這麼黏人的小雁鵝，任何人都會心生愛憐和感動的。

你看牠邁著小小的步伐，亦步亦趨的跟在你身後，一副神氣活現的逗趣模樣。你一不小心走太快了，牠便使勁的快跑；為了追上你，牠連翅膀都張開了，恨不得多生兩條腿，好讓牠速度能夠加倍。有時候，牠會因為擔心遭你遺棄而哀哀悲鳴，就像小娃兒因為父母不在身邊，而發出讓人心神不寧的哭聲一般，你一聽見就忍不下心，立刻會從房裡衝出來安慰牠。一見你趕到身邊，牠便高興得熱烈歡迎你，一連串沒完沒了的熱情問候，真會讓你不由得感動莫名。最美好的是，由於被一隻小雁鵝這般深情的依戀著，因此你可以帶著牠到野外去散步，陶醉在完全的大自然之中；同時還可以跟那些野生的、未經人馴養的動物取得密切的聯繫，然後暗中觀察牠們。

為了瑪蒂娜，我不得不擔任鵝媽媽的角色，可是我不想再認養其他九隻小雁鵝了。牠們在接下來的兩天之內陸續出生，一等牠們從母火雞的臀下爬出來，我便立刻按照原定計畫，把牠們塞到大白鵝的巢裡。於是，雖然是同一窩孵出的小雁鵝，可是其他九隻便不像瑪蒂娜這麼黏纏；就算我（牠們也一樣把我當成媽媽）沒有一直陪在牠們身邊，牠們也不會表示強烈的不安。

值得注意的是，瑪蒂娜和這九隻小雁鵝之間完全沒有建立起手足關係，雖然牠在散步時常常碰到牠們，有時甚至還走在一起。而且，瑪蒂娜不但沒把牠們當作兄弟姐妹般看待，反而一開始就對牠們充滿敵意。牠一點兒也不喜歡牠們，就算沒看到牠們也無所謂，牠隨時都可以離開牠們，單獨跟我走。雖然另外九隻小雁鵝也跟牠一樣，把我當成媽媽，可是牠們彼此之間則是手足情深。也就是說，最重要的條件是小雁鵝不能被拆散，只要牠們彼此在一起，就會感到既幸福又安全，至於我有沒有在牠們身邊，倒是其次。

剛開始，我曾經試著帶其中兩三隻，還有瑪蒂娜，跟我一起去散步。我把牠們放在籃子裡，就這麼提著走。為了觀察牠們的行為，我認為帶個三四隻也就很夠了，能夠把其中大多數留在家裡，未嘗不是減輕負擔的好事。誰知我如意算盤竟然打錯了，只要稍微走得遠一點，比如才剛走到通往多瑙河邊的鄉間小路上，被帶出來的這群少數便開始陷入不安和恐懼之中，即使我就在身旁也無濟於事。牠們會一直發出遭人遺棄的哀鳴聲，一再的停下腳步，怎麼也不肯往前走。

小雁鵝這種對於手足的依戀之情，並不針對任何特定對象，而只和數量有關。如果我帶走的是多數，只留下其中兩三隻在家，那麼牠們就會心甘情願、安安心心的跟我走，可是留在家裡的少數幾隻就會哭得半死。因此，每回我出去散步，要麼就只帶著瑪蒂娜，要麼就一幫兄弟姊妹全帶上。

兩年後，當我再度孵出一窩小雁鵝時，我便學乖了，一開始就只親自照料四隻。

那年夏天，為了照顧這第一窩雁鵝所花費的時間，遠遠超出我的想像；但是我從牠們身上學到的東西，也是大大超乎我的預期。我在動物行為學領域的成功，其中最重要的研究就奠基於我在多瑙河畔的淺草窪裡，與一群雁鵝朝夕共處的那段日子。我常常光著身子，跟牠們瘋在一塊兒，我們一起在草堆裡爬來爬去，或是在水裡游泳戲水。

我這個人非常懶，幸虧我這麼懶，所以才會成為很好的觀察家，而不是實驗家。老實說，若不是迫於康德（Immanuel Kant, 1724–1804，德國哲學家）所謂的無上命令，我才懶得工作呢。和野生動物在一起的這種純粹觀察的生活和工作，最大的好處就在於動物本身就很懶。生活在文明社會裡的現代人，把可貴的生命都虛擲在庸庸碌碌的工作裡了——我認為那樣的生活毫無意義，更何況，他們甚至忙到沒有時間去充實文化素養。勞碌工作的情況在動物身上絕不會發生，即使是我們視為勤勞成性的蜜蜂和螞蟻，絕大部分的白天時間都是閒坐在家中的，只是一般人沒有看到罷了。蜜蜂和螞蟻只要是不工作的時候，就立刻窩在家裡休息。

動物從不讓自己匆匆忙忙，趕著做什麼似的。如果你想觀察到雁鵝的真實面貌，就必須和牠們共同生活；如果你想和牠們共同生活，就必須去適應牠們的生活步調。一個天生就不具備這種符合上帝旨意的懶散氣質的人，是完全做不到這一點的。一個本性就勤奮、愛忙碌的人，如果你要他花費一整個夏天，窩在鵝群中過著鵝一般的生活，就像我曾經做過的那樣（當然不是二十四小時都維持那樣），我相信他一定會發瘋。

雁鵝們至少有半天的時間，都在休息和消化，另外那半天才用來覓食——有時甚至忙不到半天就結束了。在覓食和消化之間的空檔，牠們才會稍微做一點正經事；算得再寬一點好了，這段時間最多也只占牠們白天清醒時間的八分之一強而已。野雁鵝真可說是一種窮極無聊的生物，牠們在八分之一的白天裡所做的那麼一點正經事，實在不怎麼有趣，不提也罷。

如果你帶著一群雁鵝到多瑙河畔的淺草窪地裡漫步，你就可以問心無愧的公然偷懶了。因為有八分之七個白天，你都會被迫無所事事的躺在陽光下。雖然身邊帶著充夠電量、裝好底片的照相機，可是你壓根兒不需要一直關注牠們。凡是受過訓練的耳朵，只要從牠們發出的情緒語言，便能分辨牠們是要睡覺，還是要覓食，絕不會錯過任何有趣的畫面。

只要小雁鵝尚未發育成熟，膽子還小，而且還很黏人的時候，你很容易就可以把牠引開，強迫牠們跟著你。成熟的雁鵝已不像小雁鵝那般依戀人，但是只要你熟悉牠們的溝通方式，並可以模仿牠們的聲音到某種程度，你一樣有辦法鼓動牠們離開一個地方、飛上天空或是做任何動作。可是你必須小心，不要濫用你的影響力，而且不能和帶頭的雁鵝父母在同一情況下所做的事情差異太大。

年幼的雁鵝不論身體或心理都很容易感到疲勞，再多的休息都不夠。瑪蒂娜剛出生的頭幾天，我一定是把牠弄得太緊張了，因此牠的發育比較遲緩，比其他的小雁鵝瘦，也比較神經質。當幼雛長得稍大以後，對獨處的恐懼會逐漸減輕，這時你很難再用上面所提到的那種方式讓牠跟你走。牠常會自動停住腳步，然後開始覓食。

不管你是採用模仿牠們的叫聲，或是其他方式來影響牠們，都應該適可而止，否則的話，牠們的反應就會因此漸漸變得遲鈍，而你也無法觀察到你想要研究的現象。

舉個例子，雁鵝對父母和其他同類所發出的情緒語言，有一種與生俱來的自然反應，牠會呼應對方所發出的轉移陣地的信號。人類能夠維妙維肖的模仿這種情緒語言，讓雁鵝跟他走。可是如果你毫不節制的濫用這種傳染情緒的能力，頻率超出了雁鵝在一般情況下所能接受的程度，你就會讓牠們的反應變得疲勞，這會造成一個不良後果，使牠們後來對重要的信號不能夠及時反應。

此外，透過一些不恰當的「訓練」，也會對動物這種與生俱來的自然反應能力造成負面影響；而這自然反應的模式，正是我要研究的對象。為了避免這種缺失，我們必須具備一種你可以合理的稱之為「動物般的耐性」。

在雁鵝所發出的情緒語言中，最有趣的莫過於那些表達想要遠走高飛和游泳戲水等心情的訊息。即使是剛出生的小雁鵝，也能察覺出這些複雜語彙中所包含的細微差異，而且會做出一些與生俱來的反應。

我們常常聽到的那種輕微而又急促的雁鵝的嘎嘎叫聲，也是因時而異的。牠們在休息的時候，或是覓食的時候，或是散步的時候，所發出的心情語言是不一樣的。由於利用一種能夠引起共鳴的尖銳高音，這種獨特的、不連貫的叫聲聽起來至少包含了七至十個音節。這種嘎嘎聲的音節愈多，聽起來也就愈高愈細。如果雁鵝發出多音節的、尖細而又高亢的叫聲時，就表示牠們的心情非常愉快，完全安於目前的環境，沒有其他的需要，也沒有興趣離開原地。這種叫聲如果翻譯成人類的語言，就等於是：「這裡很好啊，我們就留在這裡吧！」附帶的意思是：「我在這裡，你是不是也還在這裡呢？」

當雁鵝想傳達遷移的情緒時，他們所發出的情緒語言也會改變。這時音節會減少，高音會不見，叫聲也會加倍嘹亮：

六個音節的嘎嘎聲，表示緩慢但持續的前進步伐，大都發生在雁鵝流連於大片美味的芳草，走兩步停一步時。五個音節的嘎嘎聲，則顯然已是行軍的號令，這時雁鵝已很少會為了享用一根青草而停下腳步，牠們一心一意只想大步前進。四個音節的嘎嘎聲，表示強烈的遷移動機，每當這種時刻，雁鵝的脖子都會因為興奮而拉得老長。三個音節的嘎嘎聲就代表急行軍，這時雁鵝的脖子拉得特長了，預示著牠們即將遠走高飛。兩個音節的嘎嘎聲一旦吹起，聽起來是極低沉、但是響亮的「鋼鋼，鋼鋼」聲，明確表示牠們即刻就要啟程。

如果雁鵝一時還沒有飛行的心情，而只是想到附近的河邊去走走或是游泳，這時牠們也有一種專用的情緒語言。你一聽就會明白，絕不致於搞混。這種叫聲大約介乎三到四個音節之間，不能多也不能少，否則的話，就會撩撥起飛行的情緒。

雁鵝如果真要號召同伴一齊遠走高飛，牠們就會發出一種急轉直下、帶著金屬般的嘹亮叫聲，這種叫聲一共有三個音節，而且會把重音放在中間的音節上，幾乎要比前後兩個音節整整高出六度，那叫聲大概是這樣的：「鏗鏘鏗。」帶頭的家長如果發現牠們的小孩尚未具備飛行的能力，常常會在一片飛行的號召聲中另發出特別的聲調，著重的強調：「不要跟著飛啊！」一些家養的大白鵝，當牠們帶領著小白鵝四處覓食和漫步時，我們常會聽見這樣的叫喚聲。在行家的耳裡聽來，總是忍不住好笑，因為這些胖傢伙反正是飛不動的，根本不需要這樣「諄諄告誡」。反正牠們也只想到處走走，完全沒有想飛的慾望。只是這些情緒語言完全是世代遺傳下來的一種本能，大雁鵝並不能清楚掌握小雁鵝的能力和心情。

同樣是與生俱來而且世代遺傳下來的能力，我們前面已經提過了，那就是：每一隻小雁鵝「天生」就能聽懂這種情緒語言所使用的全部字彙。一兩天大的雁鵝就已經能夠分辨前面描述過的那種種差異細微的語言，並迅速做出反應。我們只要減少這種語言的音節，並提高音高，小雁鵝就會立刻停止覓食，小腦袋瓜抬得高高的；一大群小雁鵝就會慢慢的聚攏，整整齊齊的排好，然後列隊前進。

最好玩的是小雁鵝對飛行召喚「鏗鏘鏗」的反應了，不過你在做這種實驗時可千萬要懂得節制。有趣的是，小雁鵝會把父母的這種召喚，當成是特別「針對自己」而來的，尤其當牠們正在享用美味的芳草，以致渾然忘我、腳步停滯不前時。在這種情況下，聲聲催的「鏗鏘鏗」就宛如當頭棒喝，害得牠們急急忙忙的、全速衝到父母或是人類代母的身後，就連小翅膀都張開了。我的小瑪蒂娜每次這麼一陣衝刺，都會弄得暈頭轉向，久久才能恢復神智。

和穴鳥「嬌客」不一樣，我為瑪蒂娜取名字的時候，不是根據牠的叫聲；但是這個名字湊巧和牠的叫聲若合符節。在艾頓堡，我們得替每一隻鳥取個名字，好方便召喚牠。如果你把「瑪蒂娜」這個名字，用雁鵝話「鏗鏘鏗」的音色和音高發出來，並且特別著重中間那個「蒂」字的「ㄧ」母音，便可以有百分之百的把握，讓瑪蒂娜像一匹吃了鞭子的馬兒飛奔過來。凡是見過我教會才一週大的小雁鵝如何聽懂我召喚的人，沒有不感到驚訝的，尤其是那些獵人或其他擅長訓練狗兒的人。只是我必須很小心，提防在我的音量所及的範圍內，沒有其他同樣認我做母親的、還未「經過訓練」的小雁鵝；否則的話，牠們統統會跟著衝過來，那我就糗大了。

小雁鵝不但天生就會分辨情緒語言的所有細微變化，並做出相對的反應，牠們還天生就能聽懂老雁鵝所發出來的警告聲。這種警告聲通常是單音節的，又尖又細，還有很重的鼻音。就像「鋼」字音，其中的「ㄤ」音還會產生共鳴（因此若要用國字來表示的話，還不如說是「嚷」音來得恰當）。這個聽起來有點沙啞的叫聲，我們可以模仿得維妙維肖——只要我們在發出這個音的同時，用力吸一口氣就行了。

一聽到這種警告的聲音，雁鵝們就會全神戒備的把頭抬得高高的，就連那一向聒噪不休、嘎嘎不停的鵝叫聲，也倏然停止了。如果你再把這個音發得重一點，那些成年的雁鵝就會立刻興起儘速飛走的念頭，希望能另找一個安全的地方——從那裡老雁鵝的視線可以不受阻礙的四下環顧，而且可以輕鬆的起飛。但是稚齡雁鵝的反應就不一樣了，牠們會立刻奔向母親或是像我這樣的「鵝媽媽」，躲在母親羽翼下或是我的保護下，推推擠擠的聚成一團。

小雁鵝會一直被這種恐懼的情緒所籠罩，直到警報解除為止。因此牠們的父母不需要發出第二次警告，就能讓牠們安安靜靜的保持警戒狀態，而且全神貫注的提防危險。一旦度過了危機，雁鵝家長就會輕輕的發出一聲表示解除警報的叫聲，於是小雁鵝就會拉長了脖子，互相通知這項好消息。

春天一過，轉眼就是夏天。原本是一團可愛的小絨球，一會兒功夫就已經變成長著銀灰色翅膀的漂亮小傢伙了。每一個成長階段都是那麼可愛；但是在呱呱落地到亭亭玉立之間的童年時代裡，小雁鵝身形的發展還有點不成比例，腳丫子太大了，關節也太粗，走起路來搖搖擺擺的，仍然需要父母照顧。

當然啦，對雁鵝來講，童年短得很，只能稱為「童週」。一旦小雁鵝終於長大成年，牠就會發育得好勻稱。牠的翅膀會變得堅實有力，隨時準備展開首次的飛行。

第十三章

道德和武器

有才者虛懷若谷
有力者恥於傷人

——莎士比亞，《十四行詩》（*Sonnets*）

三月初的一個星期天早晨，那時復活節就快要到了。我們在維也納森林裡散步，那一帶的山坡上滿布著一堆堆高高的櫸子樹林，景色美極了，很難找到幾個地方能與它相比。我們走著走著就到了一塊空地上面，高而光滑的櫸子樹幹漸漸換成了綠幽幽的鵝耳櫪（hornbeam）。這時我們的腳步放慢了，漸漸謹慎起來。在我們穿過最後一株矮樹來到空曠的草原之前，我們和所有的野生動物、所有好的博物學家、所有的野牛、豹子、獵人和動物學家在同樣的情形下所做的完全一樣：我們先仔細的打量過四周的環境才敢走到一無掩護的空地上去。

隱蔽之處對於狩獵者和被獵者一樣有利，在它的掩護下，我們可以看人而不致於被看。這次也一樣，這個古老的策略果然是有好處，我們的確看到有樣東西正在空地上坐著，因為風從牠那邊吹過來，所以牠還沒發覺到我們。這是一隻大而肥的野兔子，背對著我們坐在空地的中央，耳朵豎起成好大的一個V字，正在用心的注視著草原那一邊的一樣東西。從我們站的地方可以看到另一隻同樣大小的野兔子，正慢慢的、一跳一跳的朝著牠走來。牠們碰頭時的樣子非常小心，和兩隻陌生的狗初會時頗為相似，但是這種互相盯視的局面並未繼續多久，這兩個傢伙就打起來了！牠們互相追逐，頭盯著尾巴打著小圈子糾纏了好久好久，然後突然之間，牠們心中的積憤終於一股腦兒發洩出來了，就像戰爭爆發一般，恰巧就在你看慣了牠們的示威和冷戰，以為誰也不敢先動手的時候發生。

這兩隻兔子現在面對著面，用後腿支持著全身的重量，伸長了身子用前腳撕打；接著彼此對撲，一邊尖叫，一邊發出閃電一般的快踢，只有用慢鏡頭的照相機才可以將牠們的動作分析清楚。這樣惡鬥一會兒，兩隻似乎都覺得夠了，於是又回復了先前打圈子的動作，只是這一次比前一次快得多，接著又是一場更為兇猛的惡鬥。

因為牠們的全部精神似乎都貫注在對方的身上，我和我的小女兒就乘機躡著腳走出來了。像這樣移動位置總會弄出點聲響，要是一般正常敏感的野兔子早就聽見了，不過現在是三月，三月的兔子都是瘋子！牠們打得如此滑稽，以致我受過嚴訓、絕不在觀察動物時出聲的小女兒，到底忍不住笑了出來——就是三月的兔子也不能不聽見了，一眨眼的功夫，牠們就已分道逃得無影無蹤，只剩下空空的草原和一球輕如柳絮的絨毛。

看到這些心腸和善、毫無爪牙之利的弱小動物打架，不但叫人好笑，而且也使人感動。但是，這些動物真是那麼和善嗎？牠們的心腸真的比毒蛇、猛獸更軟嗎？如果你曾在動物園裡看過兩隻獅子或是狼，或是老鷹打架，我想你大概笑不出來。但是實際上，這些高高在上的猛獸並不會比兩隻無害的兔子打得更狠毒。

大多數人在提到肉食動物和素食動物的時候，常常喜歡拿一些不相干的道德法律去批判牠們；甚至童話在描寫到各種動物的時候，也喜歡把牠們說成一家人，因此，如果有某種動物殺死了另一種動物，一般人就把這種行為比作是人殺人。比方說，現在有隻狐狸殺死了一隻兔子，一般人就不會想到這和獵人獵兔沒有兩樣，牠們會把狐狸比作是個殘殺無辜同類的獵場看守人。「邪惡」的猛獸在人的心中都成了兇手，事實上，狐狸出來獵兔，不但與獵人獵兔一樣合法，同時也是牠生存的必要條件，但是卻沒有人把獵人的「獵囊」看作是他行兇的贓物。我只見過

一個道德標準非常嚴格的作家，敢把獵狐這件事稱作是：一個「不足道」的人追逐一個「難以為食」的東西！其實，就對同類的態度而言，凶禽猛獸比許多「無害的」、「溫馴的」素食動物要有分寸得多。

斑鳩（turtledove）與家鴿（ringdove）打起架來好像比兔子更無害，無論是牠們嘴的啄擊和翅的輕彈，在外行人看來都像在示愛。有一次，我想讓一隻非洲來的淺色家鴿和我們土生的、比較嬌小的斑鳩交配，於是我把一隻養馴了的公斑鳩和那隻母的家鴿一起放在一個非常大的籠子裡。我想牠們都是愛好和平的典型，自然不會鬧出什麼事來，因此對於牠們開始時的摩擦一點也不以為意。

我把牠們關在籠子裡以後就去了維也納，等我第二天回家一看，籠內的景象簡直太可怕了，我們的那隻斑鳩躺在地上，不但頭上、頸子上和整個背部的毛都已被拔光，且血肉模糊、奄奄一息。另一隻和平的代表坐在這一堆亂肉之上，她像雄踞獵物的老鷹，帶著那種多感的觀察者最欣賞的夢樣表情，慢條斯理的繼續啄弄她筋疲力盡的對手。當斑鳩鼓足了最後一點精力想要逃開的時候，她只輕輕用翅膀一拍，就又把牠打翻在地上了，然後她又重新繼續她緩慢而無情的啄擊。雖然她當時已倦得連眼睛都睜不開，要不是我出手干涉，她不把牠弄死是不肯干休的。

除了這次之外我只見過兩次脊椎動物自相殘殺的例子：一次是看慈鯛打架，這類魚有時會打到把對方肢解了才罷休；另一次是我在上次大戰做戰地醫生的時候，看到最高等的脊椎動物對自己同類進行集體屠殺。

但是還是讓我們回到「無害的」素食動物身上去吧！我們在林子裡看到的兔戰，如果是發生在籠子裡，結果會和鴿子的追逐一樣慘酷。因為在密閉的環境裡，打敗的一方沒法逃開勝利者所施的暴行。

如果一隻像鴿子或野兔一樣溫馴的生物，對同類能夠這樣殘忍，那麼那些牙尖齒利，一擊之下就可以制敵於死的凶禽猛獸，豈不是更可怕更惡毒了？要不是有些博物學家對於最明白、最是顯而易見的推論也不肯輕易接受，非得實地觀察，找出真相不可，恐怕我們到今天還會這樣想。

讓我們先看看殘酷和貪婪的代表——狼吧。為此你並不需要特地前往阿拉斯加去見識倫頓筆下拉雪橇的狼狗，也不需要跟著我去倫敦郊外的惠普斯奈德（Whipsnade）

動物園（那裡住了一批美洲林狼〔timber wolf〕，牠們的活動範圍頗大，我們可以從一圈松木圍住的欄杆外面，看到牠們與在天然環境裡相差無幾的日常生活。我在那裡得以有機會觀察到兩隻美洲林狼之間結結實實的打了一架）；你哪兒都不用去，只需回想一下你早已見過幾十遍的日常景象：也就是你們家狗兒打架的情形。直到今天，牠們仍信守著牠們的豺狼祖先遺傳下來的作戰方式。

如果現在有兩隻大的公狗在街頭相遇，牠們一定挺直了腿，揚起了尾巴，聳起了毛，慢慢向對方走近。牠們靠得愈近，動作就愈慢，腿愈硬，身子愈高，毛也愈是蓬鬆。牠們絕不像鬥雞似的頭對頭，前身對前身相撲，倒像要擦過對方似的，只在頭碰到對方後部時才停下來。當牠們頭對尾，尾對頭，側腹對側腹並立的時候，一種嚴格的儀式會本能的出現，這時牠們會互嗅對方的尾部；如果其中一隻狗這時已為恐懼所壓服，牠的尾巴就會夾在兩腿之中，而且會很快轉個一百八十度彎，縮回後部不願被嗅。

如果這兩隻狗旗鼓相當，沒有一隻肯收回自炫的態度，把挺直的尾巴放下，那麼互嗅的過程可能會繼續一段相當長的時間。不過即使是這樣，也不見得完全沒有和解的希望。我們會看到先是一條尾巴，後來兩條尾巴都搖起了，牠們會愈搖愈快，然後不知不覺這種緊張的局勢就變成了快活的狗戲。

萬一兩方都不願和解，情勢反而更見緊張，牠們的鼻子就會皺了起來，最後變成一種邪惡而殘忍的表情。牠們的嘴唇皮也開始捲了起來，並且會對著對方的屁股，互相露出尖利的白牙，然後這兩隻動物就會用後腿踢地，從後腹部發出低吼，下一分鐘才會嚷著、叫著打在一起。

剛剛提到我在惠普斯奈德動物園見過兩隻林狼打架的情形，就和狗兒打架的情形類似。只是牠們的動作更輕微，威脅性更大。開始的時候，我們對於許多毛茸茸、手肥腳大的小狼所做的頑皮動作，竟然沒有導致生命危險，感到非常不解。那些笨手笨腳的小傢伙很少能從心所願的做好一個動作，原來也許想跑的，結果反而重重的摔倒在一隻兇巴巴的老狼身上。奇怪的是老狼似乎根本沒注意到，牠甚至哼都沒有哼一聲。就在此時，我們聽到了一陣喧譁之聲，比狗打架

時的吼聲低沉而且也更不懷好意。因為我們一直在看那幾隻小狼和那隻老狼，所以直到其他兩隻大狼已經打起來了才曉得。

對打的兩隻大狼，一隻的體格特別巨大而且已經上了年紀，另一隻比較小也比較年輕。牠們對擠著兜圈子，比賽驚人的「腳勁」。同時牠們露出的牙齒已經急如閃電的互相對咬了，只是到目前為止並沒有什麼了不得的傷害，一隻的嘴剛剛湊上另一隻的白牙齒，才一轉眼又已躲了開去，只有牠們的嘴唇皮上有一兩處輕傷。年紀比較輕的那隻狼漸漸被逼得向後倒退，這時我們才想到那隻大老狼是有意將牠趕到欄杆邊上，我們屏氣凝神的等待最後那一刻來臨；現在牠已經碰到鐵絲了，只見牠腳步一亂，那隻大老狼已經騎到牠身上了。

就在這時，一件使人難以置信的事發生了。剛好跟你想的相反，這一圈轉得使人眼花撩亂的灰色身體忽然間竟然靜止下來，牠們現在肩並著肩，頭對著同一個方向，帶著生硬而緊張的神情站在一起。兩隻狼都在生氣的咆哮，年老的是沉沉的男低音，年紀輕的聲音比較高，表示牠的威脅裡面還隱藏了不少恐懼。

請注意這兩個對手的位置！那隻老狼的嘴離年輕的那隻的頸子真是非常非常的近，而後者的頭這時是撇開的，牠的頸彎（整個身子裡最容易受到傷害的一部分）幾乎就在敵手的口邊！離牠緊張的頸肌還不到一英寸的地方，就是牠敵手白亮亮的牙齒。在打鬥得正濃烈的時候，敵對的兩方互相只肯以白齒相向，這時看起來好像打敗的一方故意讓對方一口將牠咬死！並且這並不是表面上看起來如此，驚人的是，事實上就是如此。

同樣的景象常常發生在流浪街頭的野狗身上，我之所以舉惠普斯奈德的美洲林狼做例子，是因為牠們比一般家養的狗更能說明我的觀點。

現在還是回來說林狼吧。倒不是我故意將牠們留在緊張的局勢裡不管，事實上像我前面說的對峙局面可以繼續相當長的時間。對於觀察者來說，也許只有幾分鐘；但是對於打敗了的那隻狼來說，很可能比幾個鐘頭還久。

每一秒你都在等待暴行發生，以為牠頸部的靜脈管立時就會被勝利者的利齒咬斷，但是你的恐懼最後證明竟是完全沒有根據，因為這種情形絕對不會發生。

這次也是一樣，勝利者並沒有將牠不幸的對手結果掉，你看得出來牠雖然很想這樣做，卻下不得口。無論是狗是狼，只要牠照我前面說的樣子，把頸子送到對方跟前，一定不會被咬。得勝的那一方雖然又吼又叫，對著空中亂咬，甚至做出把對方推搖致死的假動作，牠卻沒法真的下口。這是牠們與生俱來的一種奇怪的自束行為，只有在打敗的那隻狗或狼捐棄了牠卑屈態度的時候，牠們才能擺脫這種本能的約束而真正行兇。

因為打架打到這種地步總是突然就停止了，所以勝利者常常發現自己所處的地位和受逼的那一方一樣不舒服。本來一直不放鬆的將嘴比著「下風狗」的頸子，已經是很費勁了，同時還不能下口；所以不要多久，牠就會覺得厭倦，情願走開一點。吃了虧的下風狗常常是趁此機會溜開，不過這種偷逃通常都不會成功，因為牠一旦將這種僵硬的恭順姿勢收了起來，另一隻狼立刻就會像霹靂似的撲到牠身上，所以這個可憐的傢伙只得又再回到先前僵立的姿勢。這看起來好像是勝利者所施的欲擒故縱之策，在等待這樣一個可乘之機，以便肆虐。

幸運的是，占上風的狗或狼通常在這時就會為另一種迫切的需要所克服：想在戰場上留下牠的記號，表明這是牠個人的領土，換句話說，牠得跑到最近的電線桿、欄杆邊揚起腿來撒尿。而吃了敗仗的下風狗，通常都是在對方進行「領土權益」的儀式時偷偷逃掉。

前面的觀察雖然稀鬆平常，我們卻因此觸及到一個日常生活裡時時刻刻都會碰到的問題。幾乎大多數的生物都受前文所說的社會禁條所約束，只是我們太習以為常了，很少有人真正動腦筋去想它。

德國有句俗諺，說是一隻烏鴉不會啄掉另一隻烏鴉的眼睛，這次這句俗諺總算說對了。一隻養馴了的烏鴉或渡鴉，不但不會啄牠的同類，更不會想到去碰你的眼睛。

從前我常讓那隻養馴了的渡鴉若啞，坐在我的手臂上玩。每逢我故意將臉湊近牠的嘴部，以致我的眼睛就在牠彎彎的嘴啄子旁邊時，牠就會不安而擔心的將嘴移開。這種舉動非常令人感動，就和做父親的在動手動腳的小女兒身邊刮鬍子時，常會把剃刀移開一點。若啞只有在替我理容時才肯讓牠的嘴靠近我的臉。許多比較高等、喜歡社會生活的哺乳動物和鳥類，尤其是猴子，都愛替同伴理容；特別是自己的嘴和手搆不到的地方，牠們會特別熱心。

就鳥而言，頭部和眼睛旁邊最需要朋友幫忙。在我對於穴鳥的描寫中，我提過牠們在要求同伴理頭毛時所用的姿勢和表情。每次我像烏鴉一樣，將眼半閉、頭半偏的挪到若啞面前，雖然我並沒有頭毛可理，牠立刻就了解我的用意，並開始替我理容。牠的動作非常小心，從不會捏痛我的皮膚，這是因為牠們自己的表皮非常細緻，受不住粗魯的處置。而且牠看得非常準確，總是咬住了我的睫毛根，一根根分開的清理過一遍，與「捉蝨子」的猴子和動手術的外科醫生一樣，全神貫注。

我並不是在說笑話，猴子——尤其是類人猿，牠們彼此之間互相理容並不真是為了捉蝨子，因為這些動物通常並沒有蝨子；而且牠們的動作也不僅僅是為了清潔皮膚，而是某種社交行為，就像剔粉刺、擠出面皰等，都包含在這種社交行為之內。

無論是誰看到一隻渡鴉的尖嘴在一個人張開的眼睛四周移動，大概都會覺得兆頭不好。因此每逢若啞替我清理眼毛時，旁觀的人常常會提到這一類的警告：「還是小心一點好，渡鴉到底是渡鴉，說不準的。」我的反應總是：這個提出警告的人也許比渡鴉更危險。過去有許多例子說到那些無辜的瘋子出來行兇時，所用的警語就和我前面聽到的警告一樣好聽。雖說這個好意的忠告人罹了瘋病的可能性不大，但是他突然進行攻擊的機會，卻比一隻健康成熟的渡鴉突然失去了與生俱來的自束能力要大得多。

為什麼狗類都有不肯咬斷同類頸子的約束？為什麼渡鴉都有不肯啄瞎朋友眼睛的禁律？為什麼家鴿卻沒有類似的「保險」？要廣泛的回答這幾個問題幾乎是不可能的事，因為我們得用歷史的觀點在演化的過程中，找出這些禁條和約束的發展及成長經過。

有一點是無疑的，這種約束一定是和猛獸身上的危險武器一起發展出來的。至於那些身配武裝、牙尖齒利的野獸為什麼特別需要約束自己，自然有顯而易見的道理：如果渡鴉見到自己同窩的玩伴、妻子或孩子，也和見到其他移動中的發光物體一樣，毫無顧忌的亂啄一氣，那麼現在世界上恐怕連一隻渡鴉都找不到了；如果狗和狼不顧後果，毫不在乎的咬住同伴的頸子，並且真的將牠推搖至死，那麼不用多久牠們就要滅種了。

家鴿並不需要這樣的禁忌，是因為牠沒有能力造成很大的傷害；而且牠們飛得實在很快，就算受到比自己頑強幾倍的敵手攻擊，也可以飛逃得掉。只有在不自然的密閉環境裡，打敗的那一邊失去了逃走的可能性，我們才看出家鴿實際上並沒有不肯殺傷同類、蹂躪同類的禁忌。

還有許多別的「無害的」素食動物，當牠們一起被關在一個狹窄的籠子裡時，牠們的行為也是一樣的不講道理。另一種最可厭、最兇狠、最殘忍的兇手，乃是以溫厚和平聞名於世、馴良僅次於鴿子的麅鹿——也就是沙頓（Felix Salten, 1869–1945，奧地

利作家）筆下那隻被誇上天的「小鹿斑比」。

這是我所知道的一種最惡毒的動物，同時牠還有一對使用起來絕不留情的兇器——角。大自然之所以沒有賦予牠約束自己的能力，是因為在自然的環境裡，就算最弱的雌鹿也可以逃開最強的公鹿的攻擊。只有在極大的園場裡，我們才能將公鹿、雌鹿放在一起，不然，公鹿遲早會將牠的同伴母鹿、小鹿一起趕到角落裡牴死。唯一可以不遭殺的方法就是要見機得早，因為公鹿出擊時的動作相當慢，不像公羊，牠並不是低著頭衝了過來，而是慢慢的向敵方靠近，用牠的角做前導。只有在牠感覺到阻力，兩對角已經糾纏在一起的時候，牠才會拚命刺戳。

根據紐約動物園前任園長何納德（W. T. Hornaday）的統計，馴養的麋鹿每年造成的意外比受俘的獅、虎嚴重得多。主要的原因就是一般人不知道公鹿出擊的訊號，即使當牠的角已經靠得非常之近，危險就在眼前時，一般人還不知道迴避。突然之間牠已發動攻擊，牠的尖利武器一而再、再而三的對你猛

戳，如果你來得及抓住牠的角就算運氣了。接著就是一場全身流汗、雙手淌血的角力賽，要制伏牠，你得想辦法跑到牠的旁邊，拉著牠的角把牠的頸子向後扳。但是就算一個非常強壯的人也很難辦得到，更糟的是多半的人在鹿角插進身體之前都不好意思呼救。

所以如果有隻「可愛馴良」的公鹿遊戲似的向你走近，一面高視闊步，一面優雅的揮舞牠的角……，聽我的話，千萬不要大意，在牠用角牴到你的身上之前，趕緊用手杖、石頭或拳頭用力的朝牠的鼻子邊上打去，萬萬不能客氣！

現在讓我們平心靜氣的想一想，到底誰是真正的「好」動物呢？是那隻能夠約束自己，不肯傷害朋友眼睛的若啞？還是那隻辛辛苦苦，一定要將牠的伴侶置之死地而後甘心的家鴿？到底誰是「邪惡」的動物呢？是那隻兇性一發就可以將凡是逃不開的同類，無論雌、小一起牴死的公鹿，還是那隻「不打笑臉人」的老狼？

我們再看看另一個問題，那些喜營群居生活的社會動物或鳥類，到底是用怎樣的姿勢和表情，才能激發優勝者的好生之德呢？我們看到在狼群裡打敗的那一方，事實上是將牠作戰時保護最力、最容易受到傷害的那一部分奉獻給牠的征服者。

到現在為止，我們所熟知的一切臣服表情都是同出一轍：求情的動物總是將牠身體裡最受不起傷的那一部分，奉獻給牠的敵手；說得更準確一點，求情者所奉獻的東西正是作戰時每一回狙擊的目標。就大多數鳥類而言，這個部分是腦殼的底部，所以如果現在有一隻穴烏想對另一隻示弱，牠會用後腳踝的關節蹲在地上，將頭撇向一邊，同時將嘴喙子用力往裡引，以致於頸子背面幾乎膨脹起來了；然後牠會對著牠的對手倒了過去，好像是請牠下手的意思。至於海鷗和蒼鷺的致命部分是頭的頂部，所以牠們在示弱時總是將項子向前平伸，身子俯得低低的，完全一副不設防的樣子。

許多鶉雞類的鳥，兩雄相爭的結果總是由一隻把另一隻掀翻倒地，按在地上剝皮，和家鴿所做一般無二。只有一種鳥除外，就是火雞，牠們在看到一種特殊的示弱表情之後就會停止攻擊。如果一隻公火雞打架打輸了，自己覺得已經吃夠了苦頭，牠就會把頭子伸

長了擱在地上，占上風的那隻火雞會和狼、狗在同樣的情形下舉動一樣：牠似乎很想將牠打敗了的敵手啄踢個夠，但是不知為什麼就是不能這樣做；因此牠會帶著示威的表情，一再的繞著敵手打圈子，做出許多兇狠的假動作，卻一動也不敢動那隻趴在地上求情的弱者。

這種反應雖然對於火雞是大吉大利，但萬一碰到火雞和孔雀相爭時就慘了。這兩種鳥在被俘時常被放在一起，因為牠們誇示自己精力過人的舉動接近得彼此都能了解，所以常常會演變成惡鬥。雖說火雞的體重、力量都比較強，孔雀卻比較會飛，打架的技巧不同，所以輸方常常是火雞。當紅棕色的美洲火雞鼓起肌肉，準備角力的時候，東印度產的藍色孔雀早就飛到牠的上方開始啄擊了。火雞往往在這時認出這種打法不公，雖然牠的精力十足；為了停戰，牠會用前面說的姿勢趴在地上求和。但是一件可怕的事發生了，孔雀並不「了解」火雞示弱的姿勢，換句話說，這種動作並不能使牠對自己的鬥性知所壓抑，反而啄踢得更是起勁。這時如果沒有人出來干涉，火雞的命一定是完了，因為牠挨

打得愈是厲害，牠的態度愈是恭順，牠也愈是不會跳起來逃開。

從許多鳥都有特別的求和「訊號」這樁事看來，可以知道這種反應不但是盲目的、本能的動作，而且由來已久。舉例來說，小的秧雞在頭的背面有一塊紅痣，當牠們有意對老些、強壯些的同夥顯露這塊記號時，這一片的紅色會加深。

就那些比較高等的動物和人而言，類似的社會禁忌是不是同樣的機械化，似乎用不著我們現在拿來討論。一個占上風的強者不管是為了什麼原因（單純的機械反射也好，高度哲學味的道德標準也好），不肯加害於一個向牠卑躬屈膝的弱者，就實際的結果而言，都是一樣。最要緊的是牠們在當時的表現總是如出一轍：受侮的一方總是突然間失去了反抗的意志，盡量予征服者以行兇的方便。而這種全不設防、一任宰割的舉動，反而在得勝的那一方的神經系統上造成一個不可逾越的心理障礙。

人到底是怎樣乞憐的呢？他們用的方法是不是和我剛才敘述的模式非常不同呢？希臘詩人荷馬筆下的戰士在告饒、求和時，總是把甲盾一起丟開，跪在地上引頸就戮。這一套動作看起來是使敵方在進行殺戮時更加容易一些，事實上卻有相反的作用。莎士比亞筆下：「將利劍止在空中，不讓它落在已垂跪的人身上。」不正是最好的寫照？

直到今天，我們的禮節裡還留下許多示弱的表情和訊號，鞠躬、脫帽、軍禮裡的獻槍等等都是。如果古時的記載是實，求情的舉動似乎並不能引起進攻者不可逾越的心理障礙：荷馬的英雄絕對比不上惠普斯奈德的狼群心軟！這個詩人舉出了數不清的乞憐的人遭受屠戮的例子，北歐的傳說也載滿了告饒無效的證明。幾乎直到騎士時代，才有「不殺降者」的觀念——雖說就動機而言，那些基督武士的俠義作風完全是基於傳統和宗教上的理由，與狼群與生俱有的衝動和禁忌來源不同；如果就行為而言，他們卻是第一種可以勉強與狼群的善心相比的人，這豈不是一個大大的諷刺？

當然，動物界這種與生俱有的本能禁忌，只有功用上

可以拿來與人的社會道德相比，頂多也只能算是社會道德的前驅而已。凡是研究比較行為學的人最好能小心一點，不要隨便拿道德律法衡量動物的行為。不過我得承認，有時我也免不了感情用事，我覺得一隻狼能夠不咬送到面前的頸子，實在是太難得了。更難得的是另一隻狼竟敢以自己的生命做賭注，相信牠不會不遵約束，任意逞兇。

人類實在應該從這種但丁（Alighieri Dante, 1265–1321，義大利詩人）所稱頌的動物身上學到一個好教訓。因為牠們的行為，我才對於一段從前激烈反對，常常為人誤解的聖經名言，又有了新的、更深切的了解：「如果有人打你右臉，你就將左臉給他。」——《路加福音》六章二十九節。這完全是狼給我的啟示，我們可以將另一邊臉也送過去，倒不是希望他再打一記耳光，而是因為我們這樣做的關係，可以使他根本下不得手。

在演化的過程中，如果某種動物發展了一種可以將同伴一擊致死的武器，那麼為了生存下去，牠只得再發展出一種可以阻止牠危害種族生命的社會禁忌。在依賴獵取他種動物為生的猛獸裡面，只有很少幾種是單獨過活，可以不需要這種禁忌的。這幾種動物只在交配的季節才聚集在一起，這時牠們的性衝動超過一切，甚至連鬥性也暫時收斂起來了。像北極熊（polar bear）和美洲豹（jaguar）就是這類獨行獨獵的隱士最好的例子。因為缺少不殺同類的禁忌，當牠們一起關在動物園時，彼此殘傷的數目總是非常之高。

這種特別遺傳下來的衝動和禁忌，以及大自然賦予某一社會性動物的特殊武器，造成了一組非常繁複的行為模式。這種模式不但經過細心的安排，而且還有自我抑制的作用。所有活的生物都是從演化的過程中取得牠們的武器，牠們的各種衝動和禁忌也是在同樣的過程中受到改換、鑄造。無論是哪一種生物，牠們身體的構造和行為的系統都是一個整體的各部分。

如果這就是大自然的安排，
人的演化、發展豈不令我們心寒？

華茲華斯是對的，只有一種生物，他的武器並不長在身上，而是出於他自己的工作計畫。因此，他的本能裡沒有相當的禁忌可以阻止他濫施殺伐，這種生物就是人。因為沒有節制，他的武器在幾十年之內不知道增加了多少倍，變得多麼可怕。可是與生俱來的衝動和禁忌就像身體的構造一樣，並不能說有就有，必須要慢慢發展；它們所需要的時間只有地質學家、天文學家才算得出來，是歷史學家難以想像的。而且我們的武器並不是天賦的，而是出於我們的自由意志，自己製造出來的。

不知道我們將來做哪一樁事更容易一些：繼續發展武器呢？還是培養與發展武器一起的自制力和責任感？沒有這種禁忌，人類一定會用自己創造的東西毀滅自己；因為我們沒有本能可以依賴，我們必須有意的培養出這一類的約束和禁律。

一九三五年的十一月，我在《維也納時報》上發表了一篇以〈動物的道德和武器〉為題的文章，結論是：「我們將

來總會碰到作戰的兩方都有能力將對方殲滅殆盡的一天，也許有一天我們人類自己就會分成像這樣敵對的兩個集團。到時我們是學鴿子呢？還是學狼？整個人類的命運可能就決定在這個問題的答案上。」我們實在應該深思。

附錄

名詞注釋

〈一劃〉

一枝黃花　golden rod (*Solidago virgoaurea*)　為菊科（Asteraceae）一枝黃花屬的植物。一枝黃花屬是北美洲的一個草本大屬。莖的形狀像枝，花多為黃色。

〈三劃〉

兀鷹　vulture　又稱兀鷲，生長在溫帶和熱帶地區的大型猛禽，但爪子比鷹弱，頭較禿，主食為腐肉。

大丹狗　Great Dane　丹麥大狗，起源於德國，體大身長，高度在七十公分以上。無長外毛，毛色黃褐，全身有斑紋。過去常被人馴養來獵野豬，或拖車。

大蜻蜓　*Aeschna*　晏蜓屬的通稱，體形較一般蜻蜓大，顏色通常很鮮豔。

大鷭　coot　某些飛行緩慢、羽毛像石板黑色的水鳥，長相很類似鴨，趾有瓣蹼，嘴的上部延伸至額處，形成一角質額盾。

山雀　bearded tit　又稱文須雀，是一種小型長尾鳥，產於歐洲、中國大陸北部，常出沒於蘆葦叢中。羽毛主要是黑褐色和黑色、白色，雄鳥在面部兩側各有一束黑羽，像長了鬍子般。

〈四劃〉

天竺鼠　guinea pig　小型的豚鼠屬的齧齒動物，肥胖、短耳、幾乎無尾，毛色多為純白，也有全黑、赤褐色等顏色。常被養作玩物，或應用於生物醫學實驗。

天鵝 swan 屬於雁鴨科，與鵝有親緣關係，但體形較鵝大。成年的天鵝，全身雪白，行走笨拙；但一旦飛離地面，翅展有力。天鵝在水中的游姿最美。

太陽魚 sun perch (*Eupomotis gibbosus*) 美洲的鱸形淡水魚，屬於棘臀魚科，擁有金屬光澤般的色彩。

巴兒狗 lap dog 又稱衣兜狗，是一種恰可裝入衣兜的小型玩賞狗的總稱。

水甲蟲 water beetle 身軀圓而扁平、深色有光澤的水生昆蟲，泛指龍蝨科（Dytiscidae）和牙蟲科（Hydrophilidae）、小頭水蟲科（Haliplidae）等科，能利用槳葉般的腳快速游動。

水老鼠 water shrew 又稱水鼩鼱，鼩鼱科水鼩鼱屬的半水棲動物，外觀像小鼠，通常棲居在急流附近，後足有長而硬的穗毛，有些還長了半蹼。

水老鴉 cormorant 鸕鶿科鳥類的俗稱，為嗜食魚類的水鳥，常見於熱帶和溫帶，但在南半球較多。頸子很長，尾巴硬挺、呈楔狀，嘴如細鉤，嘴下多有裸露的彈性皮囊。

水蚤 Daphnia 一種很小的淡水鰓足類甲殼動物，有雙枝形的觸角，是主要的運動器官；身體有透明的胸甲包裹著。常被捕來飼養水族箱裡的魚類。

水蜘蛛 water spider 一種歐洲的水生蜘蛛，會在水下建造鐘形絲狀結構，底下有開口並且充滿空氣。空氣是由水蜘蛛從水面，以小氣泡的形式帶下來的。

水鴨子 mallard 即綠頭鴨，這是一種廣泛分布於北半球的野鴨，是一種狩獵禽，可說是家鴨的祖先。特點是頭和頸是綠黑色的，頸圈則是白色，背是灰褐色，胸是栗色，下身灰白。

水獺 otter 水棲的食魚鼬科動物，身長約二到四英尺，尾巴長而扁，腿很短，足有蹼並有小爪，耳朵很小，毛鬚剛硬。

爪哇猴 Javanese monkey 又稱食蟹獼猴、長尾獼猴，主食除了螃蟹，也包括水果和小動物，有的還學會捕食鳥類、魚類。

仙客來 cyclamen 報春花科仙客來屬的植物，在歐洲、亞洲都有廣泛栽培。有一個中央凹陷的塊莖，花朵是白色、粉紅或紫色的，花頭下垂。

〈五劃〉

北極熊 polar bear 又稱白熊，是熊屬的一個種，其脂肪、毛髮均厚，能在酷寒的極地環境下生存。透明的毛髮反射陽光和冰層而呈白色，為極佳的保護色。善於游泳，以海豹為食。

尼米猴 Nemestrinus monkey 棲息於熱帶雨林的猴類，在印度、孟加拉、泰國、馬來半島等處均可見。因為動作細心，常被人訓練來摘採椰子，故又稱椰子猴。

白肩鵰 imperial eagle 形態類似金鵰，為一種大型猛禽，羽色深，而頭頸部顏色較淺，後肩部有明顯白斑，以小型哺乳動物為主食。分布於歐洲東南部、中西亞，曾被奧匈帝國選為紋章上的動物。

白秋沙 smew 生長在歐洲北部和亞洲的一種小秋沙鴨，又稱斑頭秋沙鴨，是小秋沙屬中的唯一成員，卻是所有鴨的品種裡最會潛水的。

白嘴鴉 rook 又稱禿鼻鴉，東半球很常見的群居性鳥類。鴉科鴉屬，全身黑色而有紫色光澤；嘴略長，先端尖細而黑，嘴基周圍的皮膚裸露、粗糙，老年時呈現白色。

白頭海鵰 bald eagle 來自北美洲的大型猛禽，成鳥身體為棕色，頭和尾部為白色，主食為魚類，是美國的國鳥。

白頭翁 whitethroat　或稱白喉鶯，是一種歐亞大陸的鶯，喉部是白色的，頭頂是白灰色的，身體上部是鐵鏽色，下部是淡粉紅或淡黃色。

白頰鳥 blackcap　歐洲產的一種黑頂、白頰的鶯類，又稱黑頂鶯。

白頰鳧 goldeneye　又稱鵲鴨，活躍於歐亞大陸和北美的一種頭大、疾飛的潛水鴨。雄鳥周身有顯著的黑色和白色斑，雌鳥則有灰褐色斑、白色領和白色翼斑。

穴烏 jackdaw　又稱寒鴉，是歐洲和亞洲某些地方很常見的鳥類，鴉科寒鴉屬，與烏鴉有密切的親緣關係，但體形較小。嘴粗短、黑色；上半身漆黑，下半身深灰，頭和頸部有銀灰色斑。聰明而善於模仿人聲，有群居習性，常在人們的住屋附近搭巢棲居，能養馴。

〈六劃〉

伊樂藻 water thyme (*Elodea canadensis*)　沉於水中生長的藻類，原產於北美洲。莖上有葉子，花朵是雌雄異株。伊樂藻屬（*Elodea*）是水鱉科的一個小屬。

地鼠 shrew　夜間活動的小型鼠，有一長而尖的鼻子，一雙細小的眼睛，發絲光的皮，主食是昆蟲。

安哥拉貓 Angora cat　一種長毛家貓，發源於土耳其，又稱浣熊貓。頭窄而尖，身體、尾巴和四肢都細長。

朱鷺 ibis　與蒼鷺有親緣關係的溫帶水鳥，以水生動物和兩棲動物為食。特徵是細長而向下彎曲的嘴。

灰沙燕 sand martin, bank swallow　北半球的一種小燕子，多在堤岸邊掏沙營巢。尾短、略有分岔。背部羽色暗褐，腹部是灰白色，胸部有暗褐色T字形斑。

百靈鳥 skylark　又稱雲雀，主要生活在開闊的野外，善於歌唱。後頭羽毛略長，呈冠狀；背是深棕色的，喉和胸是黃色帶有褐色條紋，腹部乳白色。

〈七劃〉

伯勞 shrike　泛指伯勞科（Laniidae）的歌鳥，有強而短的嘴，嘴尖有向下的尖鉤，以昆蟲為主食。頭大、尾略長，腳很強壯，爪子銳利，主要棲息於草叢樹林，通常單獨行動。以羽色的特徵區分，有棕背伯勞、紅頭伯勞、虎紋伯勞、紅尾伯勞等品種。

希臘龜 Greek tortoise　又稱為歐洲龜（European tortoise），歐洲南部的一種小型陸龜，龜殼是橄欖色的，並帶黑色邊緣。

牡丹鸚鵡 love-bird　又稱情侶鸚鵡，對配偶的感情很深。非洲、亞洲和南美洲等產地各有不同的種。羽色主要是綠色或鮮美的灰色，常飼為籠鳥。

赤麻鴨 ruddy sheldrake　又稱冠鴨，產於南歐、亞洲和北非。全身主要為橙褐色，翼和尾的羽莖帶黑色；雄鳥在夏季會有一黑色的頸圈。

〈八劃〉

夜鶯 nightingale　原產於英國的歌鳥，身長大約六英寸，上身赤褐，尾部色澤較淡，下身帶些白色。「夜鶯」之所以聞名，是因為雄性夜鶯在求偶季節的夜晚，經常啼出悅耳的鳴聲。

拉普蘭犬 Lapland dog 原產於芬蘭北部的豺狗。

林狼 timber wolf 北美地區的一種肥頭、深吻的大狼。皮毛又長又厚，大多是深灰色或棕灰色的，偶有棕白色，通常在背部有黑色披毛。

河狸 beaver 大型半水棲齧齒動物，腳上有蹼，尾巴寬扁，主要以樹皮樹枝為食。河狸有一項非常特殊的才能：能築水壩，營居巢室。

狐尾藻 water milfoil (*Myriophyllum*) 小二仙草科狐尾藻屬的植物，常雌雄同株。

狐猴 lemur 樹棲夜行性的哺乳動物，與猴類有親緣關係。外形和習性大致像猴，但一般有個狐樣的吻部。兩隻眼睛大大的，絨毛非常柔軟，尾巴多半又長又多毛。狐猴從前的分布十分廣泛，現在大多限於馬達加斯加島上。

知更鳥 robin 歐洲的一種類似鶯的小鳥，有褐橄欖色的背和黃紅色的胸及喉，所以又稱紅胸知更鳥。

金倉鼠 golden hamster 原產於小亞細亞的一種小老鼠，有茶色的皮毛。經常被人飼作玩物。

金翅雀 goldfinch 生長在歐洲的一種小型、顏色鮮豔的雀，常被養為籠鳥。額頭和喉部羽色鮮紅，上頸和尾部是黑色，翼翅鮮黃。

金雀 siskin 又稱黃雀，是產於歐亞溫帶地區的一種有尖喙的小雀，與金翅雀有親緣關係。全身的羽色以黃和綠為主。

金絲雀 canary 一種小型、黃綠羽的雀，上身有褐紋，下身有黃紋。

金鵰 golden eagle 北半球一種強而有力的鷹，頭和頸羽有褐黃色的羽尖，性情兇猛，喜歡捕食野兔、野雞。

金鶯鳥 oriole 即黃鸝鳥，與鴉類有親緣關係，大部棲息於熱帶、亞熱帶地區，羽衣鮮豔。

長尾鸚鵡 parakeet 較小而瘦、尾巴長而逐漸削尖的鸚鵡。產於巴西的長尾鸚鵡又叫卡羅萊納長尾鸚鵡（Carolina parakeet），羽毛大部分是綠色，但頭是黃的，臉是紅的，翅羽有藍、黃色。

長腳鷸 avocet 又稱反嘴鷸、反嘴鴴，是一種體形稍大的長腳海岸鳥。腳有蹼，嘴纖細而向上彎曲。

阿拉斯加犬 malemut 由阿拉斯加雪橇犬發展出來的品種，力氣大、毛厚、胸部寬廣、耳朵直豎、腳有厚墊、尾多絨毛。毛色有的如灰狼，有的是黑白混色。

阿拉斯加哈士奇 Alaskan husky 並非單一品種的狗，是強化了拖拉能力的混血種，效率更勝純種狗，常做為雪橇犬。

阿爾薩斯狼犬 Alsatian dog 德國牧羊犬（German shepherd dog），生長於北歐，體高五十五公分到六十五公分，身軀長，是一種智力高、敏感、很好訓練的豺狗。全身毛色光滑，顏色從白色到黑色都有，但以棕黃色的最常見。

青斑德州麗魚 *Herichthys cyanoguttatus* 屬於慈鯛科的雜食魚，因其藍、綠色斑紋而作為觀賞魚。

〈九劃〉

俄國萊卡犬 Russian lajkas 俄國境內的一種中型犬，身強體健，十分耐於工作。

哈士奇 husky 原為北方土著所飼養的品種，皮毛厚實，活力充沛，常用來拖雪橇。

秋沙鴨 merganser 一種潛水鴨，嘴細長、尖端有鉤、邊緣有鋸齒。頭通常有冠，尾巴長而闊，翼短，動作稍笨拙，以魚為食。

紅尾鳥 redstart 生長在歐洲的一種小歌鳥，額頭是白色的，臉和喉是黑色的，胸和尾巴是亮麗的紅栗色。

紅嘴山鴉 chough 屬於歐亞大陸鴉科山鴉屬的一種鳥，體形中小，有紅色的嘴和漆黑的羽衣。

美洲豹 jaguar 又稱美洲虎，分布在美國德州到南美巴拉圭一帶的貓科動物，頭比花豹大，身軀也較重，但四肢較短粗。毛色棕黃或米黃，雜上許多黑斑（斑點外面都繞著不規則的黑圈）。

〈十劃〉

家麻雀 house sparrow 又稱英格蘭麻雀（English sparrow），是一種野生於大部分歐洲地區和部分亞洲地區的麻雀。曾經被有計畫的引進到美洲、澳洲和紐西蘭等地，用以消滅危害農作物的昆蟲，不過家麻雀的主食是穀物種子。

家鴿 ringdove 東南歐和亞洲、非洲許多地方的一種小鴿子，淡黃色的羽毛，有一黑領。常養作籠鳥。

海狸 coypu 南美產的一種水棲齧齒動物，腳上有蹼，乳房位於背部。商人常捕殺海狸，取其毛皮。

海豹 seal 海棲食肉哺乳動物，四肢已經演化成有蹼的鰭。生活在涼爽的海岸或浮冰上，以魚或其他海鮮為食，但交配、生產都在岸上。

海葵　sea-anemone　屬於水螅型珊瑚蟲類的海中動物，總是獨居，顏色鮮豔，無骨骼，行有性生殖。圍繞口部的觸手群形狀很像花朵，喜歡捕食有螯刺的小動物。

烏鴉　crow　又稱巨嘴鴉，因為嘴很粗厚而大、呈黑色。烏鴉的全身也都是黑色，並帶有紫色光澤，倒是腹部羽色略淡。烏鴉通常獨自或成群棲息於高海拔樹林地帶，冬季時會移棲到低海拔林地；生性機警，雜食，尤其喜好腐肉。

狼　wolf (*Canis lupus*)　大型犬屬的哺乳動物，非常合群，北半球幾乎所在多有。全身是黃灰色或棕灰色，毛很粗糙，有尖而豎立的耳和蓬鬆多毛的尾巴，鼻尖微微上翹，斜眼。

秧雞　rail　秧雞科　(Rallidae)　的水鳥，早熟，與鶴有親緣關係，但體形較小。有短圓的翼、短尾和十分長的趾，能在柔軟沼澤地上奔跑。

紐芬蘭犬　Newfoundland　一種體形很大、強健、聰明的狗，善於游泳。身高約七十公分，體重在五十公斤到七十公斤之間，腦袋寬厚，額部明顯突出，口鼻略成方形；皮毛緻密平整，色澤通常是黑的，但也有黑白相間，或青銅色。

豺狼　jackal (*Canis aureus*)　又稱胡狼，產於東南歐、南亞及北非的一種犬屬動物，體形比狼小，毛色比較暗黃、暗紅，膽子也比狼小。有時夜間成群獵食，但多半時候是單獨或成對出獵，主要吃腐肉或小動物。亞洲胡狼又叫做金豺。

鬥牛犬　bulldog　一種肌肉結實的短毛狗，原產於英國。鬥牛犬的前兩肢分開較遠，下頷長於上頷，咬合有力；毛色多為白色，偶有斑紋。現都被人豢養為寵物。

鬥魚　fighting-fish, Betta　搏魚屬，產於東南亞的小型淡水魚，顏色鮮豔、高鰭。養在熱帶魚缸中的，多是泰國鬥魚。

〈十一劃〉

啞天鵝 mute swan　歐洲和亞洲西部一帶的白天鵝，因為不會大聲鳴叫而得名。

康多兀鷹 Andean condor　又稱安第斯神鷹，是南美洲的一種兀鷹，主食腐肉。身上的羽毛為黑色，頸部底則圍有一圈白色的羽毛，體型大且長壽。

梭魚 pike　屬於狗魚目（Esociformes）狗魚科（Esocidae）的七種肉食性的魚，體形圓而側扁，鱗片有扇形邊緣。吻突伸長如喙，牙齒鋒利。

淡水白點蟲 *Ichthyophthirius*　淡水白點蟲屬，又稱小瓜蟲屬，寄生在各種淡水魚的皮膚上，藉植入囊來繁殖，有時會引起致命的炎症。

豉蟲 *Gyrinidae*　豉蟲科的水生甲蟲，肉食性。

雪球花 snowball　為五福花科（Adoxaceae）莢蒾屬（*Viburnum*）的灌木，分布於北半球的溫帶、亞熱帶地區，花朵很像白色的繡球花，但較小。

麻雀 sparrow　雀科（Passeridae）麻雀屬（*Passer*）的鳥，羽毛有褐色或灰色條紋。喜歡群居、喧譁，停棲於屋頂、電線或地面上。

〈十二劃〉

喜林芋 philodendron　喜林芋屬的熱帶植物，可栽植在室內水中。

喜鵲 magpie　鴉科的喜鵲屬動物（烏鴉、渡鴉和喜鵲都屬於鴉科），有一長尾巴，身上的羽毛通常為黑色和白色。

斑鳩 turtledove 歐洲十分常見的鳩鴿科（Columbidae）的鳥，以其哀怨的鴿鳴聲著稱。身上的羽毛大部分是黃棕色，頸部兩側都有一片羽帶白邊，外側的尾羽端處也是白色的。

替代性作用 displacement activity 個體將自己對其他人（或同種的生物）或某事物的情緒反應（多屬負面情緒或憤怒憎恨等），轉移對象，藉以尋求情緒的發洩。

棘魚 stickleback 屬於刺魚科（Gasterosteidae）的多種小魚，在背鰭前方有兩根或多根能活動的棘刺，而每道腹鰭只有一根棘刺，身上無鱗，但體側常有骨片保護。產於北半球海水或淡水、鹹水中，活動力極強。

渡鴉 raven 一種羽色亮黑、廣泛分布於北半球的雜食性鳥類，略微肉食。鴉科鴉屬，與烏鴉有親緣關係，但體形比烏鴉大，喉部有窄而變尖的羽毛。渡鴉是鳥類裡面，聰明靈性數一數二的。

琵鷺 spoonbill 琵鷺屬的水鳥，嘴在尖端處變得寬大而且扁平。南歐的琵鷺全身純白、有冠，稱為白羽琵鷺。

雁鵝 greylag goose 雁形目（Anseriformes）雁鴨科（Anatidae）動物，親緣關係介於天鵝和鴨之間，身體通常較鴨大，頸也較鴨長，腿的長度中等，有一高而稍扁平的嘴。

黃冠鸚鵡 yellow crested cockatoo 又稱小葵花鳳頭鸚鵡，原產於亞洲、澳洲地區的一種鸚鵡，生有大而豎立的黃色冠羽，身上大多為白色羽衣。

黑鸝 blackbird 屬於擬黃鸝科的美洲歌鳥，包括紅翅黑鸝、黑背黑鸝、草原雲雀等。雄性羽色全黑或近乎全黑。

〈十三劃〉

愛斯基摩犬 Eskimo dog　一種外觀上很像土生在北極地區的狗，常被人養來拖雪橇或做其他粗活。

慈鯛 cichlid　熱帶產的淡水鱸形魚，與美洲產的翻車魚（sunfish）非常相似。因其護育幼魚的行為而得名，也因鮮豔的顏色而被稱為麗鯛。有些慈鯛可以食用，小型的慈鯛多被人養在魚缸。

新世界猴 *Platyrrhina*　一種類人猿，美洲的猴類多屬之。新世界猴又稱廣鼻猴，因為都有寬廣的鼻中隔。通常有三十六顆齒，尾巴常會纏繞。

椴樹 lime tree　歐洲常見的椴樹屬（*Tilia*）的落葉喬木，生長速度快，高可達三十至五十公尺，樹型優美，常做為行道樹或庭園樹。花香怡人，為重要的蜜源，花和葉均可製藥，經濟價值非常高。

照覺鳥 bullfinch　歐洲的紅腹灰雀，頭頂、尾和翼羽都是黑色，常被養作籠鳥，可被教唱歌調。雄鳥下身的顏色是玫瑰紅，背是藍灰色的；雌鳥的下身則是粉紅褐色，背是灰褐色的。

萬能㹴 Airedale terrier　又稱亞爾粗㹴犬，一種毛很硬的大型混種豺狗，高約五十六公分，體重約十六到二十公斤，背與兩側的毛呈黑色或深灰色，其他部分為棕黃色。

〈十四劃〉

歌鳥　song bird　指能發出連續的帶有旋律聲調的鳥，尤其是指雀形目的鳥類——包括百靈科（Alaudidae）、燕科（Hirundinidae）、鷦鷯科（Troglodytidae）、伯勞科（Laniidae）、畫眉科（Timaliinae）、鶯科（Sylviidae）、山雀科（Paridae）、雀科（Fringillidae）、黃鸝科（Oriolidae）、鴉科（Corvidae）、椋鳥科（Sturnidae）、文鳥科（Ploceidae）等。

蒼鷹　goshawk　幾種長尾、短翅鷹的通稱，嘴很有力、腿長、腳強，而且以強而有力的飛行和活動力著稱。

蒼鷺　heron　生長於水域附近的鷺科動物，有細長的頸和腿。嘴呈長圓錐形，邊緣與尖端均很銳利。頭白色，兩側有黑色飾羽。全身羽毛柔軟灰白，翼大，通常成群營巢於水域附近的林間，以尖銳的嘴捕食水生動物。

蜘蛛抱蛋　aspidistra　亞洲產的一種天門冬科蜘蛛抱蛋屬的草本植物，擁有大而美麗的葉子，以及靠近地面開出的四基數的花。也稱「飛天蜈蚣」。

豪豬　hedgehog　即刺蝟，晝伏夜出的小型食蟲動物。身體上部的毛與許多刺相混，能全身捲曲，使硬刺指向周身的方向。

〈十五劃〉

彈塗魚　*Periophthalmus*　彈塗魚屬，是一種生活在泥沙溼地的兩棲魚類，可利用皮膚和鰓中的水分呼吸，會以胸鰭爬行、跳躍，因其優越的跳躍能力得名。

樅樹 fir 又稱冷杉，是松科冷杉屬（*Abies*）的喬木，葉為針狀，能耐陰，可於溫涼寒冷的亞高山、高山坡地生長。

蝲蛄 crayfish 又稱螯蝦，淡水甲殼動物，與龍蝦相似，但體形較小，俗稱小龍蝦。

輪藻 *Chara* 輪藻科的最主要的一個屬，莖具有中央節間細胞，每節有輪生葉。多分布於石灰岩地區的淡水湖中，常被鈣質沉澱物包覆住，古侏儸紀已有化石。

鴉科 Corvidae 鳥綱雀形目中的一個科，以難聽的叫聲著名，相當聰明，能製作工具。為雜食性動物，部分種類甚至適應了人類的食物。

〈十六劃〉

橡皮樹 gum-tree 泛指可產樹膠的任何一種喬木，例如多花紫樹、楓香、毒漆樹。

燕八哥 starling 原產於歐洲的一種全身為暗褐色、或在夏季時是綠黑色的鳥，羽色帶有金屬光澤，具黃白色斑點。有群居的屬性，喜歡在建築物周圍築巢。

燕雀 passerine 泛指屬於雀形目的鳥。雀形目是由各種歌鳥（song bird）組成的一個大目，請參考〈十四劃〉的「歌鳥」詞條。

貓頭鷹 owl 梟，夜行性的猛禽。最為人熟知的就是那一對只向前看的大眼，短而彎曲的喙。梟還長有強有力的鉤爪，能翻轉的外趾，羽衣非常鬆軟。

貓鼬 mongoose 即獴，印度產的一種目光敏銳、灰褐色的哺乳動物，體形如雪貂，有尖嘴和長尾巴，專捕食蛇及齧齒動物。也可被馴養。

麅鹿 roe deer 歐洲和亞洲產的一種小型鹿，行動敏捷，夏季毛色赤褐，冬季毛色土灰。有直豎的圓柱形角，角的尖端有分岔。獵人喜歡獵來肉食。

〈十七劃〉

戴冠烏鴉 hooded crow 又稱冠小嘴烏鴉，簡稱冠鴉，是歐洲常見的一種鴉，與喜吃腐肉的烏鴉有密切的親緣關係。羽毛主要是黑色的，背部與腹部羽色略淡。

戴勝 hoopoe 廣泛分布於歐亞、北非，嘴細長、向下彎；有一漂亮的肉桂色半圓形直冠，末端是黑色的。前半身的羽色為肉桂色，後半身為黑白交替。通常單獨出現在水濱草地或林地，喜食昆蟲。

戴帽猴 capuchin monkey 又稱捲尾猴，是一種長尾巴的南美猴，前額光禿、但有皺紋，頭頂的毛長得很像托缽僧侶的頭巾。

〈十八劃〉

獵狼犬 wolfhound 幾種以前馴養來獵狼的大型狗的通稱，例如愛爾蘭獵狼犬（Irish wolfhound），體重超過四十公斤，肩高超過八十公分。

薩莫耶犬 samoyede 西伯利亞的一種中型北極犲狗，胸部厚實，毛色全白或乳白，體形倒是很像鬆獅犬。長期被薩莫耶族人用於放牧馴鹿和拉雪橇。

雙斑伴麗鯛 *Hemichromis bimaculatus* 屬於慈鯛科的小魚，身上呈現鮮紅和橄欖綠的顏色，而且不規則的散布著許多藍寶石般的斑點，是熱帶魚箱裡常見的魚種。

鬆獅犬 Chow　一種毛厚、身形粗短、健壯的狼狗。起源於中國北方，頭扁平而寬，嘴也寬而短，全身毛色單一，頸毛又多又長。舌頭呈藍黑色，嘴巴有黑色線條。

鵝耳櫪 hornbeam　又稱千金榆，是樺木科鵝耳櫪屬（*Carpinus*）的落葉喬木，樹皮灰色平滑，葉子類似山毛櫸。

鵟鷹 buzzard　北半球常見的短翅鷹類，上部為深褐色，下部為帶點白的雜色。

〈十九劃〉

臘腸犬 dachshund　短腿長身的德國種獵犬，以前常被獵人馴養來獵獾，故又稱獵獾犬。（獾是長得像豬的小獸，掘土洞而居，尾端有袋，能放臭氣。毛是黑褐色的，可製毛筆，肉可以食用。）

鯰魚 catfish (*Amiurus nebulosus*)　一種體形短胖、頭大的魚，有觸鬚，非常貪食。少數棲於海中，大多數都居於淡水河湖，尤其是在熱帶地區。

鵪鶉 quail　遷徙性的雉科（Phasianidae）獵鳥，身長約七英寸。身軀上部的羽色為棕、黑，帶有皮黃色斑點，喉部呈黑白二色，胸部為發紅的皮黃色，腹部呈白色。

鶉雞 gallinaceous bird　指雞形目（Galliformes）的鳥禽，體形較小的稱為鶉，大的則稱為雞，包括雞、帝雉、鵪鶉等。多為陸棲留鳥，嘴短，尖端向下勾。翼短而寬，腳很堅實。主要棲息於樹林或平原，以植物種子、嫩葉及草中小蟲為食。性隱密，大多不善飛行。

麗藻 *Nitella flexilis*　一種輪藻科輪藻屬的植物，分枝柔弱，沒有皮層細胞，生於淡水湖。

〈二十劃〉

寶石魚 jewel fish 即非洲產的「雙斑伴麗鯛」。請參考〈十八劃〉的「雙斑伴麗鯛」詞條。

〈二十一劃〉

囀鳥 warbler 泛指所有屬於鶯科（Sylviidae）的小歌鳥，樹棲、食蟲，遷徙性強。

蠟嘴雀 hawfinch 又稱錫嘴雀，是歐亞常見的雀類，有一張粗大的嘴，頸子短而厚。雄鳥有白色、黑色的斑和深淺不同的褐色羽衣。

鶸鳥 chaffinch 歐亞大陸的一種燕雀，又稱蒼頭燕雀，常被飼為籠鳥。鳴聲歡暢，但缺少變化。雄鳥的胸部有紅色羽衣。

麝田鼠 muskrat 又稱麝鼠，是麝鼠屬的唯一成員。一種水棲齧齒動物，居住在池、溪岸洞裡，美、加等地數量非常多。麝田鼠體形如小貓咪大，毛色深褐而有光澤，身上有能釋出麝香味道的小分泌腺。

麝香鴨 Muscovy duck 原生長在墨西哥到巴西南部的一種鴨，頭有小冠羽，眼和額周圍有紅色肉垂，體形較水鴨子大。這種鴨現多已家養。

齧齒動物 rodent 屬於齧齒目（Rodentia）的哺乳動物，嘴裡上、下各有一對生長不息的門齒。嚼食東西時，下顎是進行前後方向的運動。

〈二十二劃〉

鰷魚 minnow 歐洲產的一種小型的鯉科魚，最大長度約三英寸，喜歡棲息在陰暗的水流中。

鼴鼠 mole 屬於鼴科的小型哺乳動物，主要產於歐亞、北美的溫帶。細小的眼睛上常蒙著皮膚，小耳朵也隱藏在毛裡，毛皮柔軟而有光澤。前足很強勁，善於掘穴。

〈二十三劃〉

鱒魚 trout 屬於鮭科，但體形比鮭魚小得多。雖然有少數品種是海魚，為產卵才游入江河的，但大多數的品種都屬淡水魚，棲居在清冷的淡水區。

鷦鷯 wren 鷦鷯科（Troglodytidae）的雀鳥，體形嬌小圓胖，嘴細、翼短。全身大致是深褐色，背部帶有黑色細斑紋，腹部有淡褐色橫斑，眉斑是乳白色的。尾巴短而上翹，尾下覆羽有灰白色斑點。通常單獨行動，喜歡鳴唱，性隱匿，並不常見。

〈二十四劃〉

鷽鳥 finch 所有屬於雀科（Fringillidae）的歌鳥，體形稍小而粗，通常有一短而強、呈圓錐形的嘴，以便嚼碎種子。

鷿鷉　dabchick, grebe　屬於鷿鷉科（Podicipedidae）的鳥，體形比鴨小，羽毛是黃褐色的，幾乎完全棲息於河湖中，善於潛水。這類鳥的嘴巴很尖，尾羽非常短，幾乎已完全退化；腿生得很靠後，足趾寬而有蹼，善於游泳潛水，不善行走，必須在水面助跑才能飛起。築巢於水面，以魚類、水生昆蟲為食。

〈二十八劃〉

鸚鵡　parrot　泛稱鸚形目（Psittaciformes）的鳥，廣泛分布於熱帶地區，常有冠羽，羽色鮮豔，非常善於模仿聲音。

〈二十九劃〉

鸛　stork　俗稱送子鳥，為歐亞大陸常見的大型水鳥，與蒼鷺有親緣關係，有長而粗壯的喙。

（林榮崧　整理）

國家圖書館出版品預行編目資料

所羅門王的指環：與蟲魚鳥獸親密對話／勞倫茲（Konrad Lorenz）著；游復熙、季光容譯．-- 第六版．-- 臺北市：遠見天下文化，2019.11
面；　公分．--（科學文化；100D）
譯自：Er redete mit dem Vieh, den Vögeln und den Fischen
ISBN 978-986-479-839-1（平裝）

1. 動物行為

383.7　　108017447

科學文化 100D

所羅門王的指環

——與蟲魚鳥獸親密對話

Er redete mit dem Vieh, den Vögeln und den Fischen

原　　著 — 勞倫茲
譯　　者 — 游復熙、季光容
德文審訂 — 洪翠娥
科學文化叢書策畫群 — 林和、牟中原、李國偉、周成功

副社長兼總編輯 — 吳佩穎
編輯顧問 — 林榮崧
責任編輯 — 林榮崧；吳育燐
封面設計暨美術編輯 — 蕭伊寂

出 版 者 — 遠見天下文化出版股份有限公司
創 辦 人 — 高希均、王力行
遠見・天下文化 事業群榮譽董事長 — 高希均
遠見・天下文化 事業群董事長 — 王力行
天下文化社長 — 王力行
天下文化總經理 — 鄧瑋羚
國際事務開發部兼版權中心總監 — 潘欣
法律顧問 — 理律法律事務所陳長文律師
著作權顧問 — 魏啟翔律師
社　　址 — 台北市 104 松江路 93 巷 1 號 2 樓
讀者服務專線 — 02-2662-0012　　傳真 — 02-2662-0007；02-2662-0009
電子信箱 — cwpc@cwgv.com.tw
直接郵撥帳號 — 1326703-6 號　遠見天下文化出版股份有限公司

製 版 廠 — 東豪印刷事業有限公司
印 刷 廠 — 中原造像股份有限公
裝 訂 廠 — 中原造像股份有限公司
登 記 證 — 局版台業字第 2517 號
總 經 銷 — 大和書報圖書股份有限公司　電話 — 02-8990-2588
出版日期 — 1997 年 4 月 30 日第一版第 1 次印行
　　　　　2024 年 9 月 12 日第六版第 9 次印行

Er redete mit dem Vieh, den Vögeln und den Fischen by Konrad Lorenz,
illustrated by Konrad Lorenz and Annie Eisenmenger
First published in 1949 by Dr. Gerda Borotha-Schoeler, Vienna, under the title "Er redete mit dem Vieh, den Vögeln und den Fischen"

Published by arrangement with Deutscher Taschenbuch Verlag through Bardon-Chinese Media Agency

定價 — NT 450 元
書號 — BCS100D
ISBN — 978-986-479-839-1（德文版 ISBN: 3-423-300531）

天下文化官網 — bookzone.cwgv.com.tw

天下文化
BELIEVE IN READING